KINDS OF MINDS
마음의 진화

SCIENCE MASTERS

KINDS OF MINDS

Toward An Understanding of Consciousness
by Daniel C. Dennett

Copyright ⓒ 1996 by Daniel C. Dennett
All rights reserved.
First published in Great Britain by Orion Publishing Group Ltd..
The 'Science Masters' name and marks are owned and licensed by Brockman, Inc..
Korean Translation Copyright ⓒ 2006 by ScienceBooks Co., Ltd.
Korean translation edition is published by arrangement with Brockman, Inc..

이 책의 한국어판 저작권은 Brockman, Inc.과 독점 계약한
㈜사이언스북스에 있습니다.
저작권법에 의해 한국 내에서 보호를 받는 저작물이므로
무단 전재와 무단 복제를 금합니다.

KINDS OF MINDS
마음의 진화

대니얼 데닛이 들려주는
마음의 비밀

대니얼 데닛

이희재 옮김

옮긴이의 말

**사람의 마음
동물의 마음
기계의 마음**

 "인간이 아닌 생물도 마음을 가지고 있을까?" "인간의 마음과 같은 인공 지능을 만들 수 있을까?" 현대의 수많은 과학자들과 철학자들이 이런 근본적인 물음들에 답하기 위해 노력하고 있다. 이 책을 쓴 대니얼 데닛(Daniel Dennett)도 그중 한 사람이다. 결론부터 말한다면, 데닛은 인간이 아닌 생물도 마음을 가지고 있지만 그것은 인간의 마음과는 성격이 다르며, 인공 지능은 원리적으로 가능하다는 입장을 취한다. 데닛은 왜, 그리고 어떻게 이런 결론에 도달했을까? 이것은 데닛이 이 책에서 다루는 핵심적 논제며, 정교한 논증과 복잡한 예가 현란하게 교차하는 이 책을 읽을 때 놓쳐서는 안 될 논리적 가닥이다.

데닛이 논의의 출발점으로 삼는 것은 마음의 연구에 대해 많은 연구자들이 가지고 있는 두 가지 부정적 결론이다. 하나는 설사 동물에게 마음이 있다 하더라도, 동물은 사람과 의사소통할 수 없으므로 우리는 근원적으로 동물의 마음을 알 수 없다는 결론이다. 또 하나는 마음을 가진 존재와 마음이 없는 존재를 명확히 가르는 구분선은 있을 수 없다는 결론이다. 이 결론을 지지하는 연구자들은 그러므로 우리는 호기심을 누그러뜨려야 하며, 탐구의 상한선을 겸허히 받아들여야 한다고 주장한다. 그러나 데닛은 이러한 불가지론을 받아들이지 않는다. 그렇다면 데닛은 어떤 수단으로 마음을 탐구하려는 것일까?

데닛이 탐구의 수단으로 삼은 것은 바로 지향성이다. 데닛은 지향성을 가장 단순한 존재의 행위부터 가장 복잡한 존재의 행위까지 공통적으로 나타나는 목표성과 합리성이라고 풀이한다. 지향성을 이해하기 위한 전략으로 요청되는 것이 지향적 자세다. 지향적 자세란 '어떤 대상의 행위를, 그 대상이 스스로의 믿음과 욕구를 고려하여 행위를 선택하는 합리적 행위자라는 전제 아래 이해하는 전략'이다. 데닛은 스스로를 복제하는 거대 분자, 자동 온도 조절 장치, 아메바, 식물, 쥐, 사람, 체스를 두는 컴퓨터를 모두 지향계로 이해한다. 데닛이 지향적 자세를 확고한 출발점으로 삼는 이유는 마음들이 가진 유사점을 탐구함으로써 마음들의 차이점을 밝힐 수 있다고 믿기 때문이다. 지향적 자세는 유기체의 복잡한 태도를 설명하는 데 탁월한 효력을 발휘한다. 이 경우 그 유기체가 정말로 그런 목표를 추구하느냐는 물음은 무의미하다. 답이 어떤 식으로 나오건 간에 지향적 자세의 예측력은 유지되기 때문이다. 데닛은 지향적 자세가 인간의 관점에서 바라보는 '인격화'라는 사실을 인정하지만, 그것은 불가피하다고 주장한다.

그런데 자연을 유심히 관찰해 보면 지향적 자세가 인간이 자신의 시점을 투사하는 가공의 관점만은 아님을 알 수 있다. 데닛은 진화의 역사를 어떤 지향계가 다른 지향계의 허점을 파고들어 혼란에 빠뜨리는 과정으로 이해한다. 생명을 지닌 지향계가 우선적으로 추구하는 일은 위장, 흉내, 잠행 등을 통해 다른 지향계를 혼란에 빠뜨리는 것이며 유기체는 거기서 이득을 본다. 그런데 일부 연구자들은 대상을 무한히 정교하게 표현할 수 있는 인간의 언어 능력을 등에 업고, 지향계가 나타내는 지향적 자세에서 지나치게 '명제적 정확성'을 파악하려고 한다. 이들은 명제적 정확성을 드러내지 못하는 지향적 자세는 마음의 증거로 볼 수 없다고 주장하기도 한다. 그러나 데닛에 따르면 명제적 정확성은 실현 불가능한 꿈이다. 더욱이 명제적 정확성을 동물에게서 기대한다는 것은 인간의 과욕이며 그것이야말로 그릇된 인격화에 다름 아니다. 동물은 자기 행동의 배경에 깔려 있는 사연을 모르지만 인간은 그것을 안다. 그렇다면 이런 사연이 진화의 과정에서 일부 종의 마음속으로 어떻게 빨려 들어가 자기 목소리를 내게 되었을까?

여기서 데닛의 독특한 가설이 등장한다. 그것은 생산과 검증의 탑이라는 모형이다. 유기체가 미래를 생산하는 양식과 그것이 현실에서 검증되는 양식의 다양성을 검토하면서 데닛은 진화론적 발전 단계에 따라 유기체를 다윈 생물, 스키너 생물, 포퍼 생물, 그레고리 생물로 구분한다. 가장 하등 단계에 있는 다윈 생물은 회로가 닫혀 있다. 스키너 생물은 학습 능력을 가지고 있다. 포퍼 생물은 사전 예측 능력을 가지고 있다. 그레고리 생물은 외부 환경을 내부 환경에 옮겨 놓을 수 있는 능력을 가지고 있다. 인간은 그레고리 생물이다. 인간이 그레고리 생물로 발돋움한 것은 언어라는 강력한 마음의 도구를 발전시켜 외부 환경에 대한 의존도를 크게 줄였기 때문이다. 그레고리 생물은 세상에 대한 표상을 내부 환경 안에 고스란히 담을 수 있는 생물이다.

그러나 여기에서 간과해서는 안 될 사실이 있다. 진화의 장구한 역사에서 인간의 의식이 주도권을 잡은 것은 최근의 일이라는 사실이다. 인간의 마음에는 의식이라는 계만이 아니라 더 원시적인 계들이 중첩적으로 포개져 있다. 그리고 그것들은 뇌 안에만 있는 것이 아니라 몸 전체에 스며들어 있다. 인간이 어떤 행위를 할 때에는 이 복수적 계들이 한꺼번에 활동을 한다. 데닛은 그 예로서 캡그라스 증후군과 상모실인증(相貌失認症)을 예로 든다. 타인의 얼굴을 제대로 인식하지 못하는 이 독특한 증상들은 인간의 마음에서 복수의 계가 활동하고 있다는 것을 암시하는 강력한 증거라는 것이다. 따라서 데닛은 뇌의 특수 부위에 중심적 의미 부여자, 최종 변환자가 자리 잡고 있다는 신화를 강력히 비판한다. 그렇게 전제할 경우 우리는 데카르트의 이원론에서 헤어 나올 수 없다는 것이다. 초월적인 중심자를 전제하지 않아도 의식을 설명할 수 있다는 것, 이것이 데닛이 설득시키려고 노력하는 종국적 명제다.

데닛을 비판하는 연구자들도 적지 않다. 예를 들어 니컬러스 험프리나 프랜시스코 바렐라 같은 학자들은 데닛의 이론이 의식이 경험되는 '묵직한 순간(thick moment)'이나 감정 체험을 제대로 담아내지 못한다고 비판한다. 그러나 데닛은 자신을 비판하는 연구자들의 저서를 면밀히 검토해서 거기서 새로운 가능성과 착상의 단서를 찾아내는 열린 마음을 가진 연구자다. 무엇보다도 데닛의 장점은 탁월한 질문 능력을 가졌다는 것이다. 또한 다른 뛰어난 철학자와는 달리 데닛은 논리적 논증만으로는 만족하지 않는다. 그는 풍부한 관찰과 예증을 제시한다. 이것은 뛰어난 과학자로서의 덕목이다.

철학과 과학의 치밀한 논증이 정교하게 얽힌 데닛의 저서는 번역의 어려움을 배가시켰다. 그 어려움에 못지않은 인식의 보람을 독자들에게 제대로 전했는지 모르겠다.

이희재

머리말

마음이란
무엇인가?

나는 철학자지 과학자는 아니다. 철학자는 답을 주기보다는 물음을 던지는 데 더 재주가 많은 사람이다. 이 말이 나 자신이나 내가 택한 학문을 모욕하는 것처럼 들릴지 모르지만 실은 그렇지 않다. 좋은 물음을 찾고 낡은 질문의 관행과 전통을 깨뜨리는 일은 나를 이해하고 내가 사는 세계를 이해하려는 인간의 웅대한 구상에서 빼놓을 수 없는 어려운 작업이다. '자명한' 제1원리에 입각하여 모든 물음에 답하고자 하는 욕망을 억누르면서 늘 열린 마음을 간직할 수만 있다면 철학자는 질문 비판가로서 전문적으로 갈고닦은 능력으로 이러한 탐구에 훌륭하게 기여할 수 있다. 마음에는 여러 갈래가 있으며 마음에 물음을 던지는 법도 한두 가지가 아니다. 내가 이 책에서 소개하려는 나의 방식은 새로운 발견과 이론과 문제를 접할 때마다 하루가 멀다 하고 바뀌고 가다듬어지고 넓어지고 고쳐지고 채워진다. 나는 나의 방식을 이루는 기본 가정을 소개하고 그것을 알기 쉬운 안정된 모습으로 세우기 위해 노력할 것이다. 그렇지만 여기서 가장 흥미로운 대목은 변화가 일어나는 곳의 가장자리, 곧 행위가 이루어지는 지점이다. 이 책의 주안점은 내 물음을 소개하는 데 있다. 어떤 물음은 아무런 결론도 얻지 못할 가능성이 높다는 데 독자들은 유념해 주었으면 한다. 그렇지만 나의 물음은 이제까지는 제법 괜찮은 성적을 거두었다. 그것은 새로운 발견을 아주 매끄럽게 수용하면서 발전했는데 그런 발견 가운데는 일찍이 내가 던졌던 물음에 자극을 받아서 이루어진 것도 있다. 다른 철학자들도 나름대로 마음에 관한 질문을 던졌다. 그러나 그중에서 가장 영향력 있는 방식마저도 처음에는 매력적으로 보이다가 결국에는 자기 모순이나 수수께끼라는 막다른 벽에 봉착했다. 나는 좋은 질문이라고 자신하는 몇 가지 질문을 여러분 앞에 내놓을 생각이다.

    우리의 마음은 다채로운 가닥으로 짜여지고 다양한 무늬로 수놓인 복잡한 천이다. 이러한 가닥 중에는 생명만큼이나 오래된 것이 있는가 하면 오늘날의 과학 기술처럼 새로운 것도 있다. 사람의 마음은 많은 점에서 다른 동물의 마음과 비슷하지만 어떤 점에서는 전혀 다르다. 진화론의 관점은 이런 마음의 가닥이 어떻게, 왜 지금과 같은 모습을 띠게 되었는지를 이해하는 데 도움을 준다. 그러나 '미생물에서 인간까지' 뻗은 단선적 흐름만으로는 새로운 가닥이 등장하는 순간순간을 밝히지 못한다. 따라서 나는 다음에 이어지는 글에서 단순한 마음과 복잡한 마음을 오가다가 짚고 넘어가야 할 주제로 되돌아오는 방식을 통해 우리가 사람의 마음이라고 확인할 수 있는 것으로 나아가는 길을 찾기로 마음먹었다. 그제야 우리는 거기서 맞닥뜨리는 차이점을 분석하고 거기에 함축된 의미를 평가할 수 있을 것이다.

이 책의 초고는 더블린에 있는 유니버시티 칼리지에서 가졌던 애그니스 커밍 강연과 1995년 5월과 6월에 뉴질랜드 크라이스트처치에 있는 캔터베리 대학교에서 어스킨 특별 연구원의 자격으로 행한 공식 강의의 원고를 토대로 삼았다. 두 대학의 교수님들과 학생 여러분께 고마움을 전하고 싶다. 그들과의 건설적인 토론 덕분에 이 최종 원고가 (확신하건대) 더 알찬 내용으로 바뀌었다. 또 마크 하우저(Marc Hauser), 알바 노에(Alva Noë), 웨이 쿠이(Wei Cui),

섀넌 덴스모어(Shannon Densmore), 톰 슈먼(Tom Schuman), 파스칼 버클리(Pascal Buckley), 제리 라이언스(Jerry Lyons), 세라 리핀콧(Sara Lippincott), 그리고 터프츠 대학교 '언어와 마음' 연구 과정 학생들에게도 감사의 마음을 전한다. 그들은 최종 단계의 원고를 읽고 뜨거운 정성으로 비판해 주었다.

대니얼 데닛

KINDS OF MINDS
마음의 진화

차례

옮긴이의 말	**사람의 마음, 동물의 마음, 기계의 마음**	4
머리말	**마음이란 무엇인가?**	10
	1 | **마음의 종류**	17
	2 | **지향계란 무엇인가?**	47
	3 | **몸과 그 마음**	105
	4 | **생산과 검증의 탑**	141
	5 | **생각의 탄생**	197
	6 | **우리 마음과 다른 마음**	247
참고 문헌		271
찾아보기		287

KINDS OF MINDS
마음의 진화

1
마음의 종류

나는 마음이 있을까?

누군가의 마음에서 무슨 일이 벌어지는지를 알 수 있을까? 남자가 된다는 게 어떤 건지 여자는 알 수 있을까? 태어날 때 아기는 어떤 경험을 할까? 태아가 어머니의 뱃속에서 경험을 할 수 있다면 그것은 어떤 경험일까? 인간이 아닌 다른 존재의 마음은 어떤 상태일까? 말도 생각을 할까? 왜 대머리수리는 동물의 썩은 시체를 먹으면서도 메스꺼움을 느끼지 않을까? 물고기의 입을 관통한 낚시 바늘은 내 입술을 관통했을 때와 똑같은 아픔을 물고기에게 줄까? 거미는 생각을 할 수 있을까? 아니면 거미는 아무 생각 없이 근사한 거미집을 짓고 있는 작은 로봇에 지나지 않는 것일까? 기왕 말이 나왔으니 한마디 덧붙이자면 왜 아무리 뛰어난 로봇도 의식을 갖지는 못한다는 것일까? 사방을 휘젓고 다니면서 거미만큼 능수능란하게 일을 처리하는 로봇이 있다. 그렇다면 좀 더 복잡한 로봇은 고통도 느낄 수 있고 사람이 그렇듯이 미래에 대해 불안도 느낄 수 있지 않을까? 아니면 로봇(또 거미와 곤충. 영리하지만 마음은 없는 기타 생물)과 마음을 가진 동물 사이에는 넘을 수 없는 간극이 존재하는 것일까? 사람을 제외한 모든 동물은 정말로 마음이 없는 로봇에 불과한 것일까? 르네 데카르트(René Descartes)는 17세기에 오직 사람에게만 마음이 있다는 입장을 고수한 사람으로 유명하다. 데카르트의 생각이 완전히 틀린 것일까? 모든 동물, 나아가서는 식물, 심지어는 세균까지도 마음이 있는 것일까?

또 다른 극단으로 가 보자. 사람은 누구나 마음이 있다고 장담할 수 있을까? 극단적 가정이긴 하지만 어쩌면 이 우주 안에는 나 말고는 마음이 없는지도 모른다. 어쩌면 나를 제외한 모든 타인은 마음이 없는 기계인지도 모른다. 이 별난 생각이 어렸을 때 처음 들었다. 여러분도 한 번은 그런 생각을 했는지 모르겠다. 내가 가르치는 학생 가운데 3분의 1이 어렸을 때 그런 생각이 들어서 꽤 심각한 고민을 했다고 한다. 나중에야 그들은 그런 고민이 유아론

(唯我論, solipsism)이라는 철학적 가설로 불린다는 사실을 알고 위안을 얻었다. 유아론을 붙잡고 오래도록 심각한 고민에 빠져드는 사람은 없다. 하지만 유아론은 따지고 보면 심각한 문제다. 만일 유아론이 말도 안 된다고 믿는다면, 곧 내가 아닌 다른 마음도 엄연히 존재한다고 믿는다면 나는 그런 믿음을 도대체 어떻게 얻는 것일까?

이 세상에는 어떤 종류의 마음이 있나? 그리고 나는 그것을 어떻게 아나? 앞의 물음은 있음, 곧 존재론에 관한 물음이고 뒤의 물음은 앎, 곧 인식론에 관한 물음이다. 이 책의 목표는 이 두 가지 물음에 확답을 주려기보다는 왜 이런 물음에 대답해야 하는가를 보여 주는 것이다. 철학자는 존재론적 물음과 인식론적 물음을 혼동하지 말라고 경고한다. 무엇이 존재하는가 하는 것과 존재하는 것에 대해서 내가 무엇을 알 수 있는가 하는 것은 별개의 문제라는 주장이다. 내가 죽었다 깨어나도 알 수 없는 것이 있을지도 모르므로 지식의 한계가 마치 존재의 한계를 알려 주는 확실한 지침인 것처럼 여기는 잘못을 저지르지 말아야 한다는 것이다. 나는 이것이 대체로 귀담아들을 만한 충고라고는 생각한다. 하지만 우리 우주 안에서 마음이 마음 아닌 것과 구별되는 특징의 하나는 바로 마음에 대해서 우리가 아는 방식이다. 그리고 이런 사실을 이해할 정도로 우리는 마음을 잘 알고 있다고 생각한다. 예를 들어 나는 나에게 마음이 있다는 것과 뇌가 있다는 것을 안다. 그러나 이 두 가지 앎은 성격이 다르다. 나는 뇌가 있다는 것을 지라라는 장기가 있다는 것과 같은 방식으로 안다. 다시 말해서 간접적으로 안다. 나는 나의 지라를 본 적도 없고 뇌를 본 적도 없다. 그러나 교과서에 모든 정상인은 뇌와 지라를 하나씩 갖고 있다고 나와 있으므로 나는 나에게도 뇌와 지라가 하나씩 있다고 거의 확신한다. 그런데 나는 나의 마음과는 아주 가깝다. "나는 내 마음이다."라고까지 말할 수 있을 만큼 가깝다(데카르트가 한 말은 결국 그것이다. 그는 자신은 레스 코기타스(*res cogitas*), 곧 '사유하는 것'이라고 주장했다.). 마음이 무엇인지는 책이나 스승을 통해 배워야 할지 모르지만 나에게 마음이 있다고 주장하기 위해 다른 사람의 말에 기대야 하는 것은 아니다. 내가 과연 정상인인지 남들처럼 마음을 갖고 있는지 문득 의심하는 순간 나는 데카르트가 갈파했듯이 그런 의심에 젖는 것이야말로 나에게 정말로 마음이 있음을 드러낸다는 사실을 깨닫는다.

 이것은 누구나 하나의 마음을 잘 알고 있으며 두 사람이 하나의 마음을 함께 아는 일은 절대로 있을 수 없음을 뜻한다. 이런 식으로 알려지는 대상은 마음 말고는 없다. 그런데도 지금까지 우리는 너도 아니고 나도 아니고 우리가 어떻게 아는가를 따졌다. 여기에는 유아론이 틀렸다는 전제가 깔려 있다. 이 전제를 곰곰이 씹어 볼수록 유아론이 틀렸다는 결론을 내릴 수밖에 없다. 마음이 하나만 있을 수는 없다. 우리의 마음 같은 마음이 오직 하나만 있을 수는 없다.

나, 너, 우리 = 마음을 가진 존재

사람이 아닌 동물에게도 마음이 있는가 하는 물음에 대해 생각하고 싶다면 동물에게 우리와 비슷한 마음이 있는지를 먼저 물어야 한다. 우리는 당장은 우리의 마음밖에 모르기 때문이다(인간이 아닌 동물에게 플러브가 있는지 자문해 보라. 플러브가 도대체 무엇인지를 모른다면 우리는 그 질문조차 이해할 수 없다. 마음이 무엇이든 그것은 우리의 마음과 비슷한 것이라야 한다. 그렇지 않으면 우리는 그것을 마음이라고 부르지 않을 것이다.). 따라서 우리가 아는 유일한 마음을 기준으로 삼아 출발해야만 한다. 이 점에 동의하지 않는다면 우리는 스스로를 속이면서 잘 알지도 못하는 헛소리를 늘어놓는 셈이다.

내가 너에게 말을 한다는 것은 내가 마음을 가진 부류에 나와 너, 곧 우리를 집어넣는다는 뜻이다. 이는 우주 안의 다른 모든 존재와는 구별되는 배타적 내부 집단 내지는 혜택을 받는 집단을 인정한다는 뜻이다. 이것은 우리의 생각이나 말 속에 너무나 깊숙이 스며든 자명한 원리여서 굳이 거론한다는 것 자체가 새삼스럽지만 그래도 이 문제를 짚고 넘어가지 않을 수 없다. 우리가 있다면 나는 혼자가 아니다. 유아론은 틀렸다. 동반자는 존재한다. 다음과 같은 표현에서 그 점이 분명해진다.

우리는 새벽에 휴스턴을 출발하여 도로를 달렸다.
나와 트럭 단 둘이서.

어색하지 않은가? 만일 이 사람이 '우리'라는 우산 속에 들어와 앉을 만한 자격이 있다고 볼 정도로 트럭을 소중한 반려자로 여긴다면 그는 어지간히 고독한 사람임에 틀림없다. 그게 아니라면 이 사람의 트럭은 전 세계 로봇 공학자가 부러워할 만큼 별나게 만들어졌음에 틀림없다. 하지만 '우리, 나와 개 단 둘이서'라는 표현은 조금도 어색하지 않다. 반면 '우리, 나와 굴 단 둘이서'는 진지하게 받아들이기 어려운 표현이다. 결국 우리는 개한테는 마음이 있다고 생각하지만 굴도 마음을 가지고 있는지는 의심하는 셈이다.

어떤 존재가 마음을 가진 집단에 들어간다는 데는 중대한 뜻이 있다. 그래야만 특정한 윤리적 태도가 가능해진다. 마음을 가진 존재만이 관심을 기울일 수 있다. 마음을 가진 존재만이 주변 상황에 신경을 쓸 수 있다. 내가 누군가에게 그가 원하지 않는 어떤 일을 하는 것은 윤리적으로 중요한 문제다. 그것이 중요한 이유는 그에게 중요하기 때문이다. 그것은 그 자체로는 별로 중요한 일이 아닐 수도 있고 이런저런 이유로 그가 그 일에 관심을 기울이지 않을 수도 있다. 아니면 (그의 잘못에 내가 정당한 제재를 가할 경우) 그가 관심을 보인다는 사실이 실은 나에게 유리하게 작용할 수도 있다. 어떤 경우이건 그의 관심은 윤리라는 방정식 안에서 중요한 뜻을 갖는다. 꽃에 마음이 있다면 우리가 꽃에게 하는 일은 꽃에게 무슨 일이 일어나는가를 걱정하는 사람만이 아니라 꽃에게도 중요하다. 그렇지만 우리가 하는 일에 아무도 관심을 갖지 않는다면 꽃한테 무슨 일이 일어나든 그것은 중요하지 않다.

여기에 동의하지 않는 사람들도 있다. 그들은 마음을 가진 존재가 설령 꽃의 존재를 모르거나 꽃에 관심을 두지 않는다고 해도 꽃은 그 자체로 윤리적 지위를 갖는다고 주장한다. 꽃의 아름다움은 그것을 알아주는 사람이 없어도 그 자체로 좋은 것이므로 쓸데없이 꽃을 해쳐서는 안 된다는 것이다. 이것은 꽃의 아름다움은 우리 눈에는 보이지 않지만 신 같은 존재에게 중요할지도 모른다는 생각과는 다르다. 아름다움은 설령 그것이 누구에게도 중요하게 받아들여지지 않아도(꽃 자신에게도, 신에게도, 그 누구에게도 중요하지 않다 하더라도) 그 자체로 중요하다는 입장이다. 나는 이런 입장에 동의할 수 없지만 이런 견해를 단칼에 물리치기보다는 거기에 문제점이 있으며 많은 사람의 공감을 얻지 못하고 있다는 사실 정도만 언급하고 싶다. 반면에 마음을 가진 존재는 중요한 이해 관계를 갖는다는 생각에는 많은 사람이 선선히 동의한다. 무엇이 마음을 지니는가 하는 물음에 사람들이 윤리적으로 지대한 관심을 쏟는 것은 바로 그래서다. 마음을 지닌 집단의 범위가 조금만 달라져도 윤리의 문제는 자못 심각해진다.

우리는 실수를 저지를지도 모른다. 마음이 없는 존재에 마음을 부여할지도 모르고 우리 안에 섞여 있는, 마음을 가진 존재를 무시하고 넘어갈지도 모른다. 이런 두 가지 실수는 성격이 다르다. 마음을 확대 해석하는 과오, 곧 화초와 우정을 나눈다든지 책상 위에 잠들어 있는 컴퓨터가 잘 있는지 걱정이 되어 뜬눈으로 밤을 지새우는 일 따위는 심한 경우라도 고지식함이 빚어낸 착각의 수준에 머문다. 그러나 마음을 축소 해석하는 과오, 곧 마음을 가진 사람이나 동물의 경험, 고통, 희열, 좌절된 야심이나 꺾인 욕망을 무시하거나 폄하하거나 부정하는 일은 끔찍한 죄악이 아닐 수 없다. 무기물처럼 취급당한다면 여러분은 심정이 어떻겠는가?(이런 질문이 남의 이야기로 들리지 않는 것은 우리가 마음을 공유하는 존재이기 때문이다.)

사실 두 가지 과오는 모두 심각한 윤리적 결과를 빚는다. 마음을 확대 해석할 경우, 가령 세균에게도 마음이 있으므로 그것을 죽이는 행위는 정당화될 수 없다고 믿는다면 살아야 할 이유를 가진 수많은 존재(우리의 친구, 우리의 애완 동물, 우리 자신)가 참다운 윤리적 의미를 얻지 못한 채 세균에게 희생당하고 말 것이다. 낙태를 둘러싼 논쟁은 바로 그런 난제의 한복판에 놓여 있다. 어떤 이들은 10주 된 태아에게도 분명히 마음이 있다고 생각하는데 어떤 이들은 절대로 그렇지 않다고 생각한다. 후자의 주장이 사실일 경우 썩은 발가락이나 이빨을 제거하는 것이 당연하듯이 마음을 가진 존재의 생명을 구하기 위해(또는 그 존재의 이익을 위해) 태아를 없애도 무방하다는 논리적 결론에 이른다. 만일 태아에게 마음이 있다면 어떤 결정을 내리든 태아가 잠시 의탁하고 있는 존재의 이익뿐 아니라 태아의 이익도 당연히 고려해야 한다. 이 양극단 사이에는 진짜 어려운 문제가 가로놓여 있다. 가만히 놓아두면 태아는 조만간 마음을 갖게 될 것이다. 그렇다면 우리는 언제부터 태아의 이익을 고려해야 하는 것일까? 마음의 소유 여부가 윤리적 지위를 묻는 물음에 직결된다는 것은 이 경우에 자명하다. 만일 문제의 태아가 무뇌아(無腦兒)로 판명난다면 대부분의 사람에게는(모든 사람에게야 아니겠지만) 논의의 성격이 극적으로 달라지기 때문이다(나는 여기서 윤리적 문제를 해결하려는 것이 아니라 평범한 윤리적 견해 하나가 얼마나 커다란 의미를 함축하고 있는지를 보여 주고 싶을 따름이다.).

여기서 윤리의 요구와 과학적 기준의 요구는 반대 반향으로 움직인다. 윤리의 길은 설령 잘못이 있다 하더라도 만일의 경우에 대비하여 확대 해석하는 쪽을 택한다. 과학의 길은 증명의 멍에를 씌우려고 한다. 내가 과학자라면 가령 신경 세포 사이의 연락에 관여하는 중요한 신경 전달 물질인 글루타메이트 분자가 있으면 마음이 있다고 그저 선언하는 데 그쳐서는 안 된다. 마음이 없다는 것을 귀무가설(歸無假說)로, 다시 말해서 그것이 부정되면 그 반대

가설이 받아들여지는 가설로 설정한 다음에 마음의 존재를 증명해야 한다(유죄가 입증되기 전까지는 무죄라는 것이 형법상의 귀무가설이다.). 어떤 종(種)이 어떤 종류의 마음을 갖고 있는가에 대해서는 과학자들 사이에도 많은 의견이 있지만 동물에게 의식이 있다고 강력하게 주장하는 과학자도 마음의 존재를 증명하는 데 부담을 느낀다. 실제로 어떤 동물이 의식을 가졌음을 보여 주는 이론을 고안하여 확립할 수만 있다면 마음의 존재를 증명할 수 있을 것이다. 그러나 아직까지는 그런 식으로 확립된 이론이 없다. 따라서 이 불가지론적 관망책이 의식을 갖고 있다고 확신하는 생물의 윤리적 지위를 위태롭게 만든다고 여기는 사람들의 불만을 우리는 충분히 이해할 수 있다.

우리가 던지는 물음이 비둘기나 박쥐의 마음이 아니라 왼손잡이 또는 머리카락이 붉은 사람의 마음을 겨눈다고 가정하자. 이런 범주의 생명체가 마음을 소유한 특혜 집단에 들어갈 수 있는 역량을 가졌는지 아직 증명되지 않았으므로 두고 보아야 한다는 말을 들으면 우리는 심하게 반발할 것이다. 많은 사람들이 인간이 아닌 생물종이 마음을 가졌는지를 증명하라는 요구를 받을 때 이런 분노를 느낀다. 그러나 그들도 해파리, 아메바, 데이지의 경우에는 그런 증명이 필요하다고 느낄 것이다. 여기서 우리는 한 가지 사실을 확인할 수 있다. 그들은 우리와 너무나 비슷한 생물에 그토록 까다로운 조건을 들이미는 데 분개하는 것이다. 틀릴 때는 틀리더라도 사실이 명백히 드러나기 전까지는 문호를 넓게 여는 쪽으로 가자고 합의하면 그들도 조금은 걱정에서 벗어날 수 있을 것이다. 그러나 동물의 마음에 대하여 내가 좋아하는 가설을 과학적으로 입증하기 위해서는 그것이 과학적으로 부정당할 위험성 역시 감수하지 않으면 안 된다.

말한다는 것과 마음이 있다는 것

그러나 여러분과 내가 마음을 가졌다는 사실은 심각한 논쟁을 벌일 필요도 없이 자명하다. 여러분이 마음을 가졌다는 것을 나는 어떻게 아는가? 내 말을 이해할 수 있는 사람은 누구든 '여러분'이라는 말에 의해 자동적으로 건드려지며 마음을 가진 존재만이 그 말을 이해할 수 있기 때문이다. 맹인에게 책을 읽어 주는 컴퓨터 장치가 있다. 그 컴퓨터는 눈에 보이는 텍스트의 한 페이지를 귀로 들을 수 있는 음성 언어적 흐름으로 바꾸어 주지만 자기가 들는 말을 이해하지는 못하며 따라서 '여러분'이라는 말은 컴퓨터를 건드리지 못한다. 그 말은 컴퓨터를 뚫고 지나갈 뿐이며 컴퓨터에서 나오는 단어를 듣고 이해하는 사람을 건드린다. 나는 그렇게 해서 점잖은 독자이자 청자인 여러분이 마음을 가졌다는 사실을 안다. 나 역시 마음을 가졌다. 이 말은 믿어도 좋다.

실은 우리 모두가 일상적으로 이렇게 행동한다. 마음을 가졌는가에 대하여 아무리 그럴듯한 의문을 제기해도 결국은 서로가 주고받는 말 때문에 그것을 사실로 받아들인다. 말에 왜 이런 설득력이 있는 것일까? 말에는 의심과 모호함을 허물어뜨리는 강력한 힘이 있기 때문이다. 누군가 험상궂은 얼굴로 도끼를 흔들며 나에게 다가오고 있다고 하자. 이 사람이 왜 이러나 하고 나는 곤혹스러워한다. 나를 공격할 셈인가? 나를 다른 사람으로 오인한 것인가? 그에게 직접 물어보면 된다. 그는 내가 생각한 최악의 가정을 확인해 주거나 아니면 (내 뒤에 있는) 자동차 문을 열려고 애쓰다가 끝내 안 돼 도끼로 차창을 부술 생각이었다고 말해 줄 것이다. 창을 부술 차가 자기 차라는 그 사람의 말에 의심을 품을 수도 있지만 대화를 조금 더 나누면 내가 품었던 의심은 사라지고 상황은 뚜렷해질 것이다. 나와 그 사람이 대화를 나눌 수 없었다면 상황은 그처럼 뚜렷해질 수 없었을 것이다. 내 말을 못 알아듣는 외국인에게 질문을 해야 하는 경우도 있다. 그때 나는 손짓 발짓에 기댈 수밖에 없다. 잘만 하면 웬만큼 사태를 파악할 수 있겠지만 말이 통할 때만큼 상황이 분명하지는 않다. 눈짓 몸짓으로 상황을 간신히 알아차렸다 하더라도 만일 그 외국인의 언어를 아는 사람이 부근을 지나간다면 나는 얼른 쫓아가 내가 제대로 이해했는지를 확인할 것이다. 통역을 거쳐 몇 차례 질문과 답변을 주고받으면 미진하게 남아 있던 모든 불확실성이 눈 녹듯이 사라지는 것은 물론 다른 방식을 통해서는 도저히 얻을 수 없는 다음과 같은 구체적인 정보도 덤으로 얻는다. "댁이 한 손을 가슴에 얹고 다른 손을 내미는 모습을 본 순간 저 양반은 댁이 아프다는 의사 표시를 하는 줄로 알았습니다. 그래서 차창을 깨고 열쇠를 꺼낸 다음 원한다면 댁을 병원까지 태워 줄 생각이었지요. 손가락으로 귀를 만지작거렸던 것은 청진기를 뜻하는 신호였고요." 그랬구나! 몇 마디 말이 오간 덕분에 진상이 밝혀진 것이다.

인간의 언어를 정확하게 번역하는 것은 굉장히 어렵다고 사람들은 말한다. 각자가 속한 문화가 너무 달라서 '공약 불가능(incommensurable)'하기 때문에 한 사람이 이해한 뜻을 다른 사람이 완벽하게 공유할 수 없다는 것이다. 사실 번역은 언제나 미흡하다는 평가를 면하기 어렵다. 하지만 크게 보면 이것은 별로 중요하지 않다. 완벽한 번역은 불가능할지 모르지만 좋은 번역은 흔히 볼 수 있다. 좋은 번역은 서투른 번역이나 나쁜 번역과 객관적으로 구별된다. 좋은 번역이 있기 때문에 사람은 인종, 문화, 나이, 남녀, 경륜과는 무관하게 그 어떤 생물 종의 개체보다도 끼리끼리 더 잘 뭉칠 수 있다. 인간은 지구의 어떤 생물도 감히 따라오지 못할 만큼 주관 세계를 공유한다. 서로 이야기를 나눌 수 있기 때문이다. (아직) 언어로 의사소통을 하지 못하는 인간은 여기서 제외된다. 신생아나 농아의 내면 상태를 헤아리기 어려운 까닭도 이 때문이다.

대화는 우리를 묶어 준다. 우리는 노르웨이의 어부나 나이지리아의 택시 기사, 여든 살의 수녀나 태어날 때부터 눈이 먼 다섯 살 소년, 체스의 달인, 창녀, 전투기 조종사 등으로 살아간다는 게 어떤 것인지 꽤 자세히 안다. 우리는 돌고래나 박쥐, 심지어는 침팬지로 살아간다는 게 어떤 것인지보다는 이런 경우에 대해서 훨씬 많이 안다. 서로 다르고 지구촌 여기저기에 뿔뿔이 흩어져 있어도 사람은 서로의 차이점을 캘 수 있고 또 그 차이점에 대하여 대화를 나눌 수 있다. 어깨를 맞대고 무리지어 서 있는 얼룩말들이 아무리 비슷해도 얼룩말들은 자기들이 어떻게 비슷한지에 대해서 거의 아는 바가 없다. 그들은 정보를 나누지 못한다. 나란히 서서 비슷한 경험을 할 수는 있겠지만 사람처럼 진정한 뜻에서 경험을 나누지는 못한다.

이 말에 의문을 던지고 싶은 사람도 있을 것이다. 인간이 감히 넘볼 수 없는 방식으로 동물은 서로를 '본능적으로' 이해할 수도 있지 않을까? 그런 주장을 편 사람이 있다. 엘리자베스 마셜 토머스(Elizabeth Marshall Thomas)도 그런 사람의 하나다. 그녀는 『인간들이 모르는 개들의 삶(The Hidden Life of Dogs)』에서 개한테도 나름의 지혜로운 이해 방식이 있을 것이라고 추측한다. 예를 들면 이렇다. "개는 알지만 우리는 모르는 모종의 이유로 어미 개는 자기가 낳은 수컷과 짝짓기를 하지 않는다." 그런 짝짓기에 대해서 개가 본능적으로 거부감을 품고 있다는 것은 확실하다. 그렇지만 토머스는 어떤 근거로 개가 자기의 본능에 대해서 사람이 사람의 본능에 대해 이해하는 것보다 더 깊은 통찰력을 갖고 있다고 주장하는 것일까? 왜 그런지 이유는 전혀 모르면서 본능적으로 강한 거부감을 느끼는 행동은 사람한테서도 얼마든지 볼 수 있다. 아무런 증거도 없이 개가 사람보다 본능적 충동을 더 깊게 통찰한다고 가정하는 것은 수용하기 어려운 방식으로 귀무가설을 무시하는 것이다. 차차 살펴보겠지만 아주 단순한 유기체도 어울림이 무엇인지 알지 못하면서도 자기가 살아가는 환경이라든지 다른 동류 개체들과 기가 막히게 잘 어울린다. 반면에 우리는 사람이 자신과 타인에 대해 아주 높은 수준의 이해 능력을 가지고 있다는 사실을 대화를 통해 안다.

물론 사람은 속아 넘어갈 수도 있다. 발언자가 진지한지 판가름하기 어렵다는 사실을 사람들은 곧잘 강조한다. 말은 의사소통의 가장 강력한 도구이기에 그만큼 기만과 농간의 가장 강력한 수단이 되기도 한다. 그러나 거짓말을 손쉽게 할 수 있는 것처럼 거짓말쟁이도 손쉽게 알아낼 수 있다. 특히 거짓말의 정도가 심해서 거짓말한 사람이 거짓된 구조를 논리적으로 방어하지 못할 때에는 더더욱 그렇다. 모든 사람을 속일 수 있고 어떤 상황에서도 거짓말을 할 수 있는 초인적 능력을 가진 사람을 상상할 수는 있겠지만 원리적으로나 가능한 그런 악독한 거짓말은 현실 세계에는 없다고 보아도 좋다. 그런 정도의 악랄한 거짓말을 꾸며서 초지일관 지켜내기란 이만저만 어려운 게 아니다. 사람은 세계 어느 곳에서 살든지 좋아하는 것과 싫어하는 것, 바라는 것과 두려워하는 것이

엇비슷하다는 사실을 우리는 안다. 사람들이 자기 삶에서 가장 좋았던 사건만을 즐겨 회상한다는 사실을 우리는 안다. 사람은 누구나 몽상에 푹 빠져든 적이 있으며 그 몽상 속에서 과거의 세부 대목을 주도면밀하게 바꾸거나 다듬는다는 사실을 우리는 안다. 개인의 삶에서 각별한 의미를 지닌 사건의 잔향이 악몽을 일깨운다는 사실, 사람은 입술을 움직이지 않고 침묵 속에서 스스로에게 말을 걸곤 한다는 사실을 우리는 안다. 과학으로서의 심리학이 등장하기 훨씬 전부터, 인간 피험자에 대한 꼼꼼한 관찰과 실험이 이루어지기 훨씬 전부터 이것은 일반인의 상식이었다. 우리는 인간에 관한 이런 사실을 태곳적부터 안다. 그 문제를 놓고 다른 사람들과 충분히 대화를 나누어 왔기 때문이다. 그러나 인간이 아닌 다른 종의 내면 생활에 대해서는 그런 지식이 없다. 말이 안 통하기 때문이다. 다른 생물의 내면을 안다고 생각할 수도 있겠지만 우리의 전통적 예감을 확증하거나 논박하자면 과학의 도움이 필요하다.

말 못하는 존재도 마음이 있을까?

어떤 이유에서든 말하길 원치 않거나 말할 능력이 없는 사람이 무슨 생각을 하는지를 알아내기란 무척 어렵다. 하지만 의사소통이 되지 않는 사람도 구체적으로 드러나는 증거가 없을 뿐 사실은 생각을 한다고(마음이 있다고) 우리는 대체로 가정한다. 말하기를 싫어하면서도 생각은 하는 상황을 쉽게 마음으로 그릴 수 있기 때문이다. 도대체 내 마음에 무엇이 도사리고 있는지 알아내지 못해 곤혹스러워하는 상대방을 보면서 즐거워하는 것이 그 좋은 예일 것이다. 대화가 마음을 이해하는 데 결정적인 역할을 하는 것은 사실이지만 말을 해야만 마음이 있다고 볼 수는 없다. 이 자명한 사실로부터 우리는 문제가 있는 결론에 도달하고 싶은 유혹을 받는다. 전신 마비나 실어증(뇌의 국부적 손상으로 의사소통이 불가능한 상태)에 걸려서 생각하는 바를 들려 주지는 못한 것이 아니라 아예 언어 능력은 없지만 마음은 있는 존재가 있다는 결론이 그것이다. 나는 이것이 문제 있는 결론이라고 본다. 왜 그런가?

먼저 그런 가능성을 우호적으로 검토해 보자. 전통과 상식에 따르더라도 언어를 수반하지 않는 마음이 있을 가능성은 꽤 높다. 이렇게 되면 남들과 생각을 주고받을 수 있는 우리의 능력은 컴퓨터의 주임무인 계산 능력에 별로 영향을 끼치지 못하는 프린터 같은 주변 기기처럼 그야말로 들러리에 지나지 않는다. 사람이 아닌 동물도, 적어도 일부는 분명히 마음이 있다. 아직 언어를 습득하지 못한 갓난아기와 농아도(수화를 배우지 못한 농아를 포함하여) 분명히 마음이 있다. 이것은 부인 못할 사실이다. 이 마음들은 많은 점에서 우리의 마음(이런 식의 대화를 이해할 수 있는 사람의 마음)과는 확연히 다르지만 분명히 마음은 마음이다. 다른 마음을 알 수 있도록 이끌어 주는 왕도(王道)라고나 할 언어는 거기까지 뻗어 있지 않지만 그것은 우리 앎의 한계일 뿐이지 그 마음의 한계는 아니다. 그렇다면 그 내용이 원천적으로 봉쇄되어 있어서 아무리 많이 캐고 들어가도 알 수 없고 엿볼 수 없고 꿰뚫어 볼 수 없는 마음이 있을지도 모른다.

전통적 대응은 이 가능성을 끌어안는다. 그렇다, 마음은 과학의 모든 탐구 영역을 넘어서고 (언어 능력이 없는 마음의 경우에는) 공감적 대화가 가능한 모든 범위도 넘어서는 미지의 대륙이다. 그럼 어떻게 해야 좋겠는가? 조금 겸허한 자세로 우리의 호기심을 누그러뜨려야 옳지 않은가? 그러나 이러한 전통적 대응은 존재론적 물음(있는 것에 관한 물음)과 인식론적 물음(있는 것을 어떻게 아는가에 관한 물음)을 혼동하는 것이 아닐까? 탐구에도 한계가 존재한다는 이 엄연한 현실을 흔쾌히 받아들이면 그만일까?

―

그러나 이런 결론을 흔쾌히 받아들이기에 앞서 그에 못지않게 자명한, 우리 자신에 관한 몇 가지 사실에 함축된 내용도 검토해야만 한다. 우리는 생각 없이도 슬기로운 행동을 하는 스스로의 모습을 깨달을 때가 있다. 우리는 그런 행동을 '자동적으로' 또는 '무의식적으로' 한다. 가령 울퉁불퉁한 길을 걸어갈 때 우리는 시야 주변부에 들어오는 상들의 흐름에 관한 정보를 토대로 걸음을 조절한다. 이것은 구체적으로 어떻게 이루어지는가? 정답은 알기 어렵다는 것이다. 아무리 노력해도 우리는 그 과정을 정확하게 인식할 수가 없다. 잠을 자는 동안 왼쪽 팔이 뒤틀려서 왼쪽 어깨에 과도한 부담을 준다는 것을 어떻게 알아차리는가? 역시 알 수 없다. 그것은 경험의 일부가 아니다. 잠에서 깨어나지 않고도 무의식 속에서 재빨리 좀 더 편한 자세로 바꾼다. 우리의 마음 안에 들어찬 것으로 짐작되는 이런 모습을 논의하려고 해도 우리에게는 뾰족한 수가 없다. 우리 안에서 그러한 슬기로운 행동을 지배한 것은 마음의 일부가 아니었다는 대답이 고작이다. 그러므로 여기서 또 하나의 가능성, 곧 언어를 갖지 않은 생명체 중에는 마음은 없지만 모든 것을 '기계적으로' 또는 '무의식적으로' 처리하는 존재가 있을 수 있다는 가능성이 떠오른다.

이러한 가능성에 대한 전통적 대응은 역시 끌어안는 것이었다. 그렇다, 마음이 전혀 없는 유기체도 있다. 세균은 마음이 없고 아메바와 불가사리도 없을 가능성이 높다. 영리한 행동을 하기는 하지만 개미 역시 쥐꼬리만 한 경험을 바탕으로 그저 생각 없이 세상을 기어 다니는 마음 없는 자동 기계에 지나지 않을지도 모른다. 송어는 어떤가? 쥐는 어떤가? 우리는 마음을 가진 유기체와 마음을 갖지 못한 유기체 사이의 경계선을 어디다 그어야 할지 결코 알지 못할 수도 있다. 그리고 이것은 우리 앎의 불가피한 한계를 드러내는 또 하나의 측면이다. 그러한 사실들은 그저 인식하기 어려운 정도가 아니라 애당초 알 수 없는 것인지도 모른다.

우리가 알 수 없는 앎에는 두 가지가 있는 듯하다. 마음을 갖고는 있지만 스스로의 생각을 전하는 방법을 모르는 존재의 내면에 대한 앎과 어떤 유기체가 마음을 갖고 있는지 없는지에 대한 앎이 그것이다. 이 두 가지 불가지론은 모두 받아들이기가 쉽지 않다. 마음과 마음의 차이는 주된 얼개는 쉽게 구별할 수 있지만 미세한 부분으로 넘어가면 판가름하기가 점점 더 어려워지는 그런 차이인지도 모른다. 이때 마음과 마음의 차이는 언어와 언어의 차이 아니면, 음악이나 미술에서 말하는 양식의 차이에 가깝다. 이러한 차이는 결코 사라지지 않지만 어느 수준까지는 그 안에서 공통점을 찾을 수 있다. 반면에 마음이 있는 것과 마음이 없는 것의 차이(자신의 주관을 지닌 것과 바위나 잘려 나간 손톱처럼 외면만 있고 내면은 없는 것의 차이)는 도 아니면 모인 셈이다. 그렇지만 아무리 파고들어도 바다가재의 껍질 속이나 로봇의 번쩍거리는 표면 너머에 마음을 가진 누군가가 있는지를 영원히 알 수 없다는 생각은 이런 두 가지 불가지론보다 훨씬 받아들이기가 어렵다.

 이렇게 윤리적으로 깊은 뜻이 있는 사실을 구조적으로 우리가 알 수 없다는 주장은 선뜻 수긍하기 어렵다. 이런 주장대로라면 우리는 마음이 없는 존재의 완전히 허구적인 이익을 위해 다른 존재의 참다운 윤리적 이익을 훼손시킬 수밖에 없는 운명에 놓인다. 원래의 의도와는 상관없이 세상에 피해를 입혔을 경우 그런 결과를 내다보지 못한 것은 어쩔 수가 없었다고 말하는 것은 합당한 변명이 될 수 있다. 그러나 처음부터 모든 윤리적 사고의 토대를 무시할 수밖에 없다고 주장한다면 윤리는 엉터리가 되어 버린다. 다행히 이런 결론은 받아들일 수 없을 뿐 아니라 믿을 수도 없다. 가령 왼손잡이는 의식이 없는 괴짜이므로 자전거처럼 해체할 수 있다는 주장은 당치도 않다. 그 반대편에는 세균이 고통을 겪는다거나 당근이 고향이나 다를 바 없는 흙에서 무참하게 뽑힐까 봐 불안해 한다는 극단적 주장이 있다. 분명한 사실은 어떤 생명은 마음이 있고 어떤 생명은 마음이 없다는 것을 우리가 윤리적으로 확신할 수 있을 정도로 안다는 것이다.

그러나 우리는 이런 사실을 어떻게 아는지는 아직 모른다. 이런저런 사례에서 우리가 강한 직관력을 발휘한다고 해서 신뢰성이 보장되는 것은 아니다. 진화론을 연구하는 일레인 모건(Elaine Morgan)의 말을 실마리로 삼아 몇 가지 사례를 검토해 보자.

> 신생아를 보고 심장이 멎을 듯 놀라는 것은 태어난 순간부터 저기 누군가가 있다는 실감이 들어서다. 침대 위로 고개를 숙여 아기를 들여다보는 사람은 아기도 자기를 올려다본다는 사실을 깨닫는다.(Morgan, 1995, 99쪽)

관찰을 하는 사람이 눈과 마주칠 때 본능적으로 어떻게 반응하는지를 관찰한 내용으로는 정확한 것이지만 동시에 이것은 우리가 얼마나 쉽게 속아 넘어갈 수 있는지도 드러낸다. 가령 우리는 로봇한테 속을 수 있다. MIT 인공 지능 연구소의 로드니 브룩스

(Rodney Brooks)와 린 앤드레이어 스타인(Lynn Andrea Stein)은 로봇 전문가와 (나를 비롯한) 여타 분야의 연구자들과 함께 코그(Cog)라는 로봇을 만들었다. 다른 로봇처럼 코그는 금속, 실리콘, 유리로 만들어졌지만 디자인은 사람의 외모를 쏙 빼닮았다. 코그는 언젠가 의식을 가진 최초의 로봇이 될지도 모른다. 의식을 가진 로봇이 과연 있을 수 있을까? 나는 원리적으로 의식을 가진 로봇이 가능하다는 주장을 담은 『복수 설계 모형(Multiple Drafts Model)』에서 의식 이론을 옹호한 바 있다. 코그는 장기적으로 그런 목표를 염두에 두고 설계했다. 그러나 코그는 아직 의식 근처에도 가지 못했다. 코그는 보지도 듣지도 느끼지도 못한다. 그렇지만 몸놀림은 소름 끼칠 만큼 사람과 비슷하다. 작은 비디오카메라인 코그의 눈은 방 안에 들어선 사람에게 초점을 맞춘 다음 그 사람의 움직임을 칼같이 좇는다. 사정을 잘 아는 사람도 이런 추적을 받으면 섬뜩한 느낌이 든다. 아무 생각 없이 응시하는 코그의 눈을 들여다보고 있노라면 전문가도 가슴이 멎는 듯한 두려움에 휩싸인다. 하지만 사실 거기에는 아무도 없다. 일반 로봇과는 달리 사실감 있고 생동감 있는 코그의 팔은 사람의 팔처럼 빠르고 유연하게 움직인다. 팔을 눌렀을 때 코그가 나타내는 반응을 보면 여러분은 진부한 공포 영화에

나오는 대사처럼 "세상에! 살아 있어!" 하고 비명을 지를 것이다. 코그는 살아 있지 않지만 첫 느낌은 우리에게 정반대로 다가온다.

기왕 예를 든 김에 이번에는 윤리적으로 약간 성격이 다른 경우를 상상해 보자. 심한 사고로 어떤 사람의 팔이 잘렸다. 의사들은 팔을 다시 붙일 수 있다고 자신한다. 아직 따뜻하고 부드러운 상태로 수술대 위에 놓여 있는 이 팔은 고통을 느낄까?(고통을 느낀다면 국부 마취제를 놓아야 한다. 몸에 다시 붙이기 전에 잘린 팔에서 조직을 잘라내려고 한다면 더욱더 그럴 필요가 있다.) 어리석은 가정이라고 여러분은 코웃음 칠지도 모른다. 고통은 마음이 있어야 느끼는 법인데 마음을 지닌 몸에서 떨어져 나와 있는 동안은 무슨 일을 당해도 그 팔은 고통을 느끼지 않는다고 말이다. 그렇지만 어쩌면 그 팔이 별도의 마음을 갖고 있는지도 모르지 않은가? 팔은 늘 마음을 지니고 있었지만 그것을 말로 전달할 능력이 없었을 뿐인지도 모른다! 말도 안 된다고? 그 팔에는 아직도 활동 중인 엄청난 수의 신경 세포들이 남아 있다. 만약 살아 있는 신경 세포가 그 정도로 많은 온전한 유기체를 발견한다면 그 유기체와 말은 안 통해도 아마 우리는 그 유기체가 고통을 느낄 수 없으리라고는 감히 생각하지 못할 것이다. 여기서 직관과 직관이 충돌한다. 인간이 아닌 동물이었다면 마음이 있다는 주장에 충분히 공감했을 만한 양의 물질과 대사를 거느린 팔에 마음이 없다고 말하는 셈이기 때문이다.

　중요한 것은 행동이라고 말하고 싶은가? 잘린 팔의 엄지손가락을 꼬집자 그 팔도 여러분을 꼬집었다고 가정하자! 그때 여러분은 그 팔에 국부 마취제를 놓기로 마음먹겠는가? 못 한다면 그 이유는 무엇인가? 그 팔의 반응이 '자동' 반사일 수밖에 없으니까? 여러분은 그것을 어떻게 확신하는가? 신경 세포들의 구성 방식에서 그런 차이가 나타나는 것인가?

　이런 수수께끼들은 생각해 볼 만한 흥미로운 주제다. 왜 우리의 직관이 이런 방식으로 이루어지는가를 이해하려고 노력하면 마음에 관한 우리의 통념이 얼마나 단순했는지를 깨달을 수 있을 것이다. 하지만 진짜 마음과 우리를 현혹시키는 가짜 마음의 다양한 갈래를 탐구하는 더 좋은 방식은 분명히 있다. 결코 알아내지 못하리라는 패배주의는 다른 모든 길을 샅샅이 뒤져 볼 때까지 무한정 뒤로 미루어야 마땅하다. 우리가 아직 모르는 놀라운 사실이 저 앞에서 우리의 해명을 기다리고 있을 가능성은 너무나 높다.

　언젠가는 버릴지 몰라도 지금은 고려해야만 하는 하나의 가능성은 어쩌면 마음에서 언어가 주변적 역할에 머물지 않을지도 모른다는 것이다. 언어가 덧붙어 있는 내 마음은 언어 없는 마음과는 판이하게 달라서 그 둘을 모두 마음이라고 부르는 것은 어쩌면 잘못인지도 모른다. 다시 말해 다른 유기체의 마음에 풍요로움(우리에게는 닫혀 있지만 그들에게는 당연히 열려 있는 것)이 깃들어 있다는 우리의 생각은 착각인지도 모른다. 철학자 루트비히 비트겐슈타인(Ludwig Wittgenstein)은 이런 유명한 말을 남겼다. "사자가 말을 한다고 해도 우리는 사자를 이해하지 못한다."(Wittgenstein, 1958, 223쪽) 당연히 그럴 수 있다. 하지만 또 다른 가능성도 있다. 곧 사자가 말을 할 수 있고 우리도 그 사자를 잘 이해하지만(다른 언어를 옮기는 데 들어가는 평범한 노력만으로도) 언어를 구사하는 사자의 마음은 별난 것이어서 그 사자와 나누는 대화는 보통 사자의 마음에 관해서 우리에게 알려 주는 바가 전혀 없을 수도 있다는 것이다. 사자의 마음에 언어를 덧붙임으로써 우리는 그 사자에게 난생 처음 마음을 주는 것인지도 모른다! 물론 그렇지 않을 수도 있다. 하지만 우리는 그 가능성을 파고들어야 하며 말을 못 하는 동물의 마음이 우리의 마음과 크게 다르지 않을 것이라는 통념을 무작정 받아들여서는 안 된다.

직관에 무비판적으로 의존하지 않고 새로운 탐구 경로를 찾아내려면 어떻게 해야 좋을까? 역사적, 진화론적 경로를 검토해 보자. 마음은 늘 있었던 것이 아니다. 우리는 마음이 있지만 마음이 태초부터 있었던 영구불변의 존재는 아니다. 우리는 단순한 마음(그것이 마음이었다면 말이다.)을 지닌 존재에서 진화했고 그 단순한 마음을 지닌 존재는 더 단순한 마음을 지닌 존재에서 진화했다. 지금부터 40억~50억 년 전, 적어도 이 지구에는 간단하건 복잡하건 마음이 아예 존재하지 않았던 시절도 있었다. 어떤 변혁이 어떤 순서로 왜 일어났을까? 구체적인 날짜와 장소는 억측의 수준을 넘어서지 못하지만 중요한 단계들은 밝혀졌다. 일단 그 이야기를 하고 나면 적어도 우리의 어려움을 파악할 수 있는 틀이 생길 것이다. 어쩌면 우리는 진짜 마음에서 사이비 마음, 원시 마음, 얼치기 마음, 또는 얼치기-절반-반토막 마음을 구분하고 싶어 할지도 모른다. 이 옛 구조를 다른 이름으로 부를지라도 그것이 얹혀 있는 저울이나 애당초 그 저울을 만들어 낸 조건과 원리에 대해서는 동의할 수 있다. 다음 장에는 그것을 캐는 데 필요한 약간의 도구들을 소개할 것이다.

2
지향계란 무엇인가?

나는 무언가에 주목하고 그것의 이유를 찾는다. 이 말의 원뜻은 그 안에 있는 의도를 찾는다는 것이다. 무엇보다도 의도를 지닌 어떤 사람, 주체, 행위자를 찾는다는 것이다. 모든 사건을 행위로 받아들이는 것이다. 모든 사건에서 행위를 보는 것, 이것이 우리의 가장 뿌리 깊은 구습이다. 동물에게도 그런 버릇이 있을까?

—프리드리히 니체(Friedrich Nietzsche)
『힘에의 의지(*Wille zur Macht*)』

우리의 조상은 로봇이다●

마음을 지닌 모래알은 없다. 모래알은 너무나 단순하다. 모래

알보다 더 단순한 탄소 원자와 물 분자에도 마음은 없다. 여기에 반대하는 사람은 없을 것이다. 그렇다면 거대 분자의 경우는 어떨까? 바이러스는 아주 커다란 분자다. 이 거대 분자는 수십만 또는 수백만 개의 부분(부분의 크기를 어떻게 보느냐에 따라 그 수가 달라진다.)으로 이루어져 있다. 이 원자 수준의 부분과 부분이 무심하게 상호 작용하여 대단히 놀라운 결과를 낳는다. 그중에서도 가장 놀라워 보이는 것은 바로 자기 복제다. 놀라운 능력을 가진 거대 분자가 있다. 이 거대 분자를 조건에 맞는 풍부한 매질에 담가 두면 분자는 아무 생각 없이 활동에 들어가 자기와 똑같은(혹은 거의 똑같은) 복제물을 내놓는다. DNA와 그 조상뻘 되는 RNA도 그런 거대 분자다. 이런 거대 분자는 지구에 있는 모든 생명의 기초이므로 적어도 지구에 존재하는 모든 마음의 역사적 전제 조건인 셈이다. 간단한 단세포 유기체가 지상에 출현하기 약 10억 년 전에 이미 쉴 새 없이 돌연변이하고 증식하고 심지어는 스스로를 복구하면서 실력을 키우던 거대 분자가 있었다. 그리고 그것은 자기 복제 능력이 있었다.

● 이 장의 일부 내용은 내가 쓴 『다윈의 위험한 아이디어(*Darwin's Dangerous Idea*)』를 바탕으로 다시 쓴 것이다.

이것은 현재의 로봇이 가진 능력을 훨씬 뛰어넘는 엄청난 능력이다. 그렇다고 해서 그런 거대 분자가 우리처럼 마음을 지녔다고 말할 수 있을까? 당연히 그렇지는 않다. 그 거대 분자는 살아 있지도 않다. 화학자의 눈으로 보면 그저 거대한 결정체에 지나지 않는다. 이 어마어마하게 큰 분자는 미시적 수준에서 움직이는 작은 기계다. 사실상 자연 로봇인 셈이다. 자기 복제 로봇은 컴퓨터 발명에 기여한 요한 폰 노이만(Johann von Neumann)이 수학적으로 그 원리적 가능성을 제시했다. 노이만이 설계한 무생물 자기 복제 장치의 탁월한 구조는 RNA와 DNA의 구체적 얼개와 뼈대를 상당 부분 미리 점쳤다.

분자생물학의 현미경을 통해 우리는 효력을 지닌 채 그저 있는 것이 아니라 행동을 결행하기에 충분한 복잡성을 지닌 최초의 거대 분자에서 행위(agency)가 이루어지는 장면을 목격한다. 거대 분자의 행위는 사람의 행위처럼 온전하지는 않다. 분자는 자신이 무엇을 하고 있는지 모른다. 반면에 사람은 자신이 무엇을 하는지 대부분의 경우 잘 안다. 최선의 상황에서도 최악의 상황에서도 사람은 그래야 할 이유와 그러지 말아야 할 이유를 의식적으로 이모저모 따져 보고 나서 행위를 할 줄 안다. 거대 분자는 그렇지 않다.

거대 분자의 행위에는 이유가 있지만 분자는 그 이유를 모른다. 그럼에도 불구하고 인간과 같은 종류의 행위가 발전할 수 있는 유일한 토양을 제공한 것은 바로 이런 분자의 행위였다.

우리가 이 수준에서 찾아내는 유사 행위는 조금 이질적이어서 왠지 막연한 거리감 같은 것도 느껴진다. 뚜렷한 목표가 있어 보이는 그 모든 수선과 소란에도 불구하고 '주인공이 보이지 않는다.' 분자 기계는 정교하게 연출되었음이 분명한 놀라운 묘기를 보여 주지만 마찬가지로 분명한 것은 분자 기계가 자신의 행동을 까맣게 모르고 있다는 사실이다. 아득한 옛날에 자기 복제하던 거대 분자의 후예에 해당하는 RNA 파지의 활동을 설명한 다음 글을 읽어 보자.

첫째, 바이러스에게는 자신의 유전 정보를 담아서 보관할 수 있는 물질이 필요하다. 둘째, 바이러스는 숙주 세포 RNA가 풍부하게 남아돌 때 특별히 자신의 정보를 복제할 수 있는 기제가 필요하다. 셋째, 바이러스는 자신의 정보를 증식하기 위한 준비에 들어가야 한다. 이 과정에서 숙주 세포는 대부분 파괴된다.…… 바이러스는 세포가 자기를 복제하도록 영향력을 행사한다. 이때 바이러스는 바이러스RNA에 맞게 특별히 적응한 하나의 단백질 인자로서만 기여한다. 이 단백질 인자, 곧 효소는 바이러스 RNA에 암호가 나타나야만 비로소 활성화된다. 암호를 본 바이러스는 바이러스 RNA를 아주 효율적으로 증식시키면서도 숙주 세포 안에 있는 훨씬 많은 수의 RNA 분자는 무시해 버린다. 그 결과 세포는 얼마 안 가서 바이러스 RNA로 채워진다. 이 바이러스 RNA는 바이러스의 껍질을 이루는 단백질 안에 차곡차곡 쌓이고 이 단백질 또한 대량으로 합성된다. 마침내 세포가 터지면서 무수히 많은 바이러스 분자의 후손이 쏟아져 나온다. 이 모든 것은 자동으로 전개되는 프로그램이며 가장 미세한 단위에서까지 이 과정이 그대로 재현된다.(Eigen, 1992, 40쪽)

이 글을 쓴 분자생물학자 만프레트 아이겐(Manfred Eigen)은 행위자와 관련된 어휘를 풍부하게 구사한다. 복제를 하기 위해 바이러스는 정보 증식을 위한 "준비에 들어가야" 하며 그 목표를 이루는 과정에서 암호를 "보고" 다른 분자들은 "무시"하는 효소가 만들어진다. 이것은 확실히 시와 같은 파격 어법이다. 이런 시어는 잠시나마 자신의 의미를 한껏 확대하지만 그런 확대는 불가피하다! 이런 단어들을 통해서 우리는 이 현상의 가장 두드러진 특성에, 곧 이 거대 분자는 계획적으로 움직인다는 점에 주목하는 것이다. 이 제어 시스템은 자기가 하는 일에서 단순히 효율성을 보이는 데 그치지 않고 속을 드러내지 않으면서 영악하게 기회를 노려 변이(變異)에 적절하게 반응할 줄 안다. 이것을 '속일' 수는 있지만 이것의 선조가 접하지 못했던 기발한 술책이 아니고서는 어렵다.

이 비인격적이고 비반성적이며 로봇처럼 무심한 분자 기계의 미세한 조각이 모든 행위의 토대라는 것은 이것이 곧 세계 안에 있는 모든 의미의 토대요 나아가서는 의식의 궁극적 토대라는 사실을 뜻한다. 반론의 여지가 없는 이 확고부동한 과학적 사실에 숨은 뜻은 마음처럼 논란의 여지가 많고 알쏭달쏭한 대상에 대한 차후의 모든 논의를 이끌어가는 데 의외로 만만치 않은 영향을 미친다. 따라서 여기서 잠시 숨을 돌려 그 의미가 무엇인지를 짚고 넘어갈 필요가 있다.

"우리는 자기 복제 로봇의 직계 자손이다."라는 견해에는 더 이상 심각한 반론이 제기되지 않는다. 우리는 포유류고 모든 포유류는 파충류 조상에서 나왔으며 파충류의 선조는 어류였고 어류의 조상은 벌레와 비슷한 해양 생물이었으며 그 해양 생물은 다시 몇억 년 전에 단순한 다세포 생물로부터 나왔고 그 다세포 생물은 지금부터 약 30억 년 전에 자기 복제하는 거대 분자에서 유래한 단세포 생물에서 나왔다. 동물만이 아니라 식물, 조류(藻類), 세균을 포함해서 지금까지 지구에 살았던 모든 생명체가 등장하는 계통수를 이런 식으로 그릴 수 있다. 우리는 모든 침팬지, 모든 벌레, 모든 풀잎, 모든 삼나무와 조상이 같다. 우리의 선조 중에는 거대 분자도 있었다.

좀 더 극적으로 표현하자면 우리의 증조할머니의 증조할머니의…… 증조할머니는 로봇이었다! 우리는 그런 거대 분자 로봇의 후예일 뿐만 아니라 지금도 그런 로봇으로 이루어져 있다. 헤모글로빈 분자, 항체, 신경 세포, 시청각 반사 기제, 신체(물론 뇌도 포함된다.)는 알고 보면 이 놀라우리만큼 멋지게 설계된 작업을 묵묵히 수행하는 기계에 지나지 않는다.

부지런히, 그러나 무심하게 파괴 공작을 일삼는 바이러스와 세균, 사악한 음모를 가진 징그럽고 작은 자동 기계의 활동을 과학 다큐멘터리에서 보더라도 이제 우리는 몸서리치지 않는다. 그렇지만 이것들이 우리의 몸을 이루는 조직들과 성격이 다른 외부 침입자라고 자위하면서 한숨 놓고 있어서는 곤란하다. 그것은 대단한 착각이다. 우리는 우리 몸속으로 침입하는 자동 기계와 같은 종류의 자동 기계로 되어 있다. 밖에서 침투한 항원과 싸우는 나의 항체를 구별해 주는 인류만의 특수한 후광은 없다. 나의 항체는 그저 나라는 무리에 들어가 있기 때문에 나를 위해 싸울 뿐이다. 나의 뇌를 이루는 수십억 개의 신경 세포는 질병을 일으키는 병원균 아니면 맥주가 숙성하거나 반죽된 빵이 부풀어 오를 때 증식되는 효모와 성격이 비슷한 생물학적 존재다.

하나하나의 세포(제한된 수의 업무를 수행하는 작은 행위자)는 바이러스처럼 무심하게 움직인다. 이런 멍청한 난쟁이가 대거 집결하면 거기서 정말로 마음이 있고 진짜 의식이 있는 사람이 나오는 것일까? 현대 과학의 입장에서는 다른 식의 설명은 불가능하다. 그렇지만 로봇의 후예라고 해서 우리가 곧 로봇이라고 말할 수는 없다. 그것은 우리가 물고기의 직계 자손이지만 물고기는 아니며 세균의 직계 자손이지만 세균은 아닌 것과 마찬가지다. 아무튼 만일 우리 안에 신비에 쌓인 잉여 요소(이원론자와 생기론자는 바로 이런 것을 믿는다.)가 있다면 모를까, 우리는 로봇으로 이루어져 있다. 다른 식으로 말하자면 우리는 몇조 개에 이르는 거대 분자들의 집결체다. 그리고 이 분자들은 결국 최초의 자기 복제 거대 분자에서 나왔다. 그러므로 로봇으로 이루어진 존재도 참다운 의식을 가질 수 있다. 여러분이 그런 능력을 보여 주기 때문이다.

어떤 사람들은 이 모든 것을 비현실적이고 충격적으로 받아들이리라. 하지만 그것은 다른 방식의 설명이 얼마나 허술한지를 그들이 아직 깨닫지 못하기 때문이라고 생각한다. 몸과는 달리 마음은 비물질적이며 신비로운 재료로 이루어져 있다고 보는 이원론(二元論)과 살아 있는 존재는 물질적이면서도 신비한 성격을 갖는 생기(*élan vital*, 창조적 생명력을 뜻하는 베르그송의 용어 — 옮긴이) 같은 요소를 담고 있다고 보는 생기론(生氣論)은 연금술, 점성술과 함께 역사의 쓰레기 더미로 끌어내려졌다. 지구는 납작하며 태양은 날개 달린 말들이 끄는 불수레라고 주장하려는 것이 아니라면, 다시 말해서 현대 과학에 내민 여러분의 도전장이 완벽하지 않다면 여러분은 이 용도 폐기된 견해들을 위해 싸울 수 있는 거점을 어디에서도 찾아내지 못할 것이다. 그러니 과학이라는 보수적 자원을 가지고 어떤 줄거리를 엮을 수 있을지 생각해 보자. 우리의 마음이 단순한 마음에서 진화했다는 생각은 어쩌면 제법 괜찮은 이해 방식인지도 모르지 않는가?

우리의 거대 분자 조상들(이것은 비유가 아니다. 거대 분자는 실제로 우리의 조상이었다.)은 앞에 인용한 아이겐의 글에서 확연히 드러난대로 어떻게 보면 행위자처럼 움직였다. 하지만 또 어떻게 보면 정처 없이 떠돌고 이리저리 밀려다니면서 수동적으로 움직였음을 부인하기 어렵다. 그들이 방아쇠에 손가락을 얹은 채 행동을 준비했다고 말할 수 있을지는 몰라도 희망에 차서, 또는 결연하게, 또는 의도적으로 기다렸다고 말하기는 곤란할 것이다. 그들의 턱이 벌어져 있었다 하더라도 그것은 강철 덫처럼 무심히 열린 것에 지나지 않았을 것이다.

무엇이 달라졌는가? 급작스러운 변화는 없었다. 우리의 조상은 마음을 얻기 전에 먼저 몸을 얻었다. 먼저 단순한 세포, 곧 원핵 세포가 되었다. 원핵 세포는 침입자나 이웃을 받아들여 복잡한 세포, 곧 진핵 세포가 되었다. 단순한 세포가 처음 등장하고 나서 약 10억 년이 지났을 무렵 우리 조상은 이미 대단히 복잡한 기계(기계로 만들어진 기계)로 발전했지만 아직 마음은 없었다. 그렇지만 움직이는 궤도는 전처럼 수동적이고 방향성이 없었을지 몰라도 이제는 환경에서 에너지와 물질을 뽑아 쓰고 필요하다면 스스로를 지키고 고치는 수많은 전문 하부 조직을 거느리게 되었다.

이렇게 맞물려 돌아가는 미세한 부분으로 이루어진 정교한 조직은 마음과는 아직 거리가 멀었다. 아리스토텔레스(Aristoteles)

는 그런 조직이나 그런 조직의 후예를 어떻게 불러야 하는지 알고 있었다. 그는 그것을 양육혼(養育魂, nutritive soul)이라고 불렀다. 양육혼은 사물이 아니다. 그것은 가령 어떤 세포의 세포질 안에서 떠도는 미세한 하부 조직 가운데 하나가 아니다. 그것은 '조직의 원리'다. 아리스토텔레스의 표현을 빌리자면 질료가 아니라 형상이다. 식물과 동물뿐 아니라 단세포 유기체까지 포함하여 모든 생명체의 육체는 다른 조건에서는 다르게 활성화되는 자기 조절적, 자기 방어적 조직이 필요하다. 이 조직은 자연선택에 의해 탁월하게 설계되었으며 하부 수준에서는 유기체가 떠돌다가 마주치는 수동적 조건에 의해 켜지거나 꺼지는 아주 작은 다수의 수동 스위치로 이루어져 있다.

인간도 동물처럼 좀 더 오래전에 만들어진 신경계와는 확연히 구별되는 양육혼(자기 조절적, 자기 방어적 조직)이 있다. 대사계, 면역계처럼 우리의 몸 안에서 자기 보수와 건강 유지의 소임을 맡는, 눈이 핑핑 돌아갈 만큼 복잡한 체계들이 여기에 해당한다. 먼저 등장한 이러한 체계들이 이용한 통신선은 신경이 아니라 혈관이었다. 전화기와 무전기가 등장하기 전에 값진 정보를 담은 소포를 다소 느리지만 믿음직스럽게 세계 전역으로 운반하던 우편망이 있었던 것처럼 유기체 안에 신경계가 등장하기 훨씬 전부터 이미 몸 안에는 구식 우편망이 있었다. 몸 안을 흐르는 다양한 체액은 생체 제어와 자기 유지를 위해 값진 정보의 보따리를 다소 느리지만 믿음직스럽게 구석구석 실어 날랐다. 이 원시 우편망의 후예를 동물과 식물 모두에서 볼 수 있다. 동물 안에서 상품과 폐품을 수송하는 혈액은 일찍부터 정보 고속도로의 역할을 맡았다. 식물의 체액은 한곳에서 다른 곳으로 신호를 전달하는 비교적 초보 단계의 매질이 되어 주었다. 그러다가 마침내 동물에서 혁신적 설계가 등장했다. 정보를 더 빠르고 효율적으로 전달하지만 아직은 주로 내부의 일에만 전념하는 간단한 신경계(자율 신경계의 조상)가 나타난 것이다. 자율 신경계는 마음이라기보다는 식물의 '양육혼'과 맥을 같이하면서 살아 있는 체계를 기본적으로 보전하는 데 주력하는 제어계라 할 수 있다.

우리는 이 장구한 역사를 가진 체계들과 우리의 마음을 날카롭게 구분짓지만 묘하게도 그 체계들의 세세한 작동 구조를 들여다보면 볼수록 이것들이 마음과 비슷하다는 느낌이 든다! 작은 스위치는 원시 감각 기관과 유사하며 스위치가 꺼지고 켜질 때 나타나는 효과는 지향적 행위와 흡사하다. 왜 그럴까? 정보에 따라 조절되지만 추구하는 목표를 달리 하는 체계들이 만드는 효과이기에 그렇다. 이런 세포와 세포의 조합은 마치 자신이 상황을 지각하고 거기서 규정된 방식에 따라 행동함으로써 특수한 원인을 집요하고 합리적으로 추구하는 하인 내지는 아주 작고 단순한 머리를 가진 행위자처럼 움직인다. 세계는 작게는 분자에서 크게는 대륙에 이르기까지 그런 존재로 가득 차 있다. 그런 존재에는 동식물과 그것을 이루는 부분(및 부분의 부분들) 같은 자연물만이 아니라 수많은 인공물까지 포함되어 있다. 비근한 예로 자동 온도 조절 장치는 그런 단순한 유사 행위자에 해당한다.

가장 단순한 것에서 가장 복잡한 것에 이르는 이 모든 존재를 지향계(intentional system)라고 부르겠다. 그리고 지향계가 행위(가짜이든 진짜이든)를 한다고 가정하는 관점을 지향적 자세(intentional stance)라고 부르겠다.

지향적 자세

지향적 자세는 어떤 대상(사람일 수도 있고 동물 또는 인공물일 수도 있다.)의 행위를 그 대상이 스스로의 '믿음'과 '욕구'를 '고려'하여

'행위'를 '선택'하는 합리적 행위자라는 전제 아래 이해하는 전략이다. 따옴표에 둘러싸인 이 용어들은 흔히 말하는 '인생 철학', 곧 우리가 남들과 심리적 고민을 놓고 대화를 나눌 때 쓰는 일상의 담론에서 나온 말이다. 지향적 자세는 우리가 서로를 상대할 때 흔히 취하는 자세나 관점이다. 다른 존재를 바라볼 때 지향적 자세를 취한다는 것은 그 존재를 의인화하는 일과 비슷하다. 이것이 왜 괜찮은 발상일까?

나는 신중하기만 하다면 지향적 자세를 택하는 것이 그저 괜찮은 발상의 차원에 그치는 것이 아니라 마음의 모든 수수께끼를 벗기는 실마리가 될 수 있다는 사실을 보여 주려고 애쓸 것이다. 그것은 조상의 마음과 우리의 마음 사이에 누적된 차이, 우리의 마음과 우리처럼 지구에 사는 다른 유기체의 마음 사이에 누적된 차이를 모두 찾아내기 위해 먼저 비슷한 점을 파고드는 방법이다. 이 방법은 신중하게 써먹어야 한다. 공허한 비유와 거짓말 사이에서 아슬아슬한 줄타기를 해야 한다. 잘못 사용된 지향적 자세는 경솔한 연구자를 심각한 오류로 이끌지만 올바르게 수용된 지향적 자세는 현상의 밑바닥에 깔려 있는 통일성을 드러내고 중요한 실험들로 관심을 이끈다. 또 다양한 영역에서 튼실하고 알찬 관점을 제시할 수 있다.

지향적 자세의 기본 전략은 눈앞에 있는 존재의 행동이나 움직임을 예측하기 위해(말하자면 설명하기 위해) 그 존재를 행위자로 간주하는 것이다. 지향적 자세의 뚜렷한 특성은 다른 두 종류의 기본적 예측 태도 또는 예측 전략과 비교할 때 뚜렷해진다. 그것은 물리적 자세(physical stance)와 구조적 자세(design stance)다.

물리적 자세는 물리학의 통상적인 연구 방법이다. 물리적 자세에서는 물리 법칙과 눈앞에 놓인 사물의 물리적 구성을 이미 아는 지식을 토대로 헤아린다. 손에서 벗어난 돌멩이가 땅바닥에 떨어지리라고 예측할 때 나는 물리적 자세에 기대는 것이다. 나는 돌멩이에 믿음이나 욕망이 깃들여 있다고 보지 않는다. 그저 질량 또는 무게로만 그 돌멩이를 이해한 다음 중력의 법칙에 기대어 예측값을 내놓는다. 무생물이나 인공물의 경우 물리적 자세는 우리가 택할 수 있는 유일한 전략이다. 아원자에서 별에 이르기까지 분석의 단위는 천차만별이지만 근본적으로는 같은 전략에 기댄다. 물이 끓을 때 왜 보글거리는지, 산맥은 어떻게 탄생했는지, 태양 에너지는 어디서 나오는지 따위의 의문은 모두 물리적 자세의 틀로 설명할 수 있다. 인공물이든 무생물이든 생물이든 모든 물질적 존재는 물리 법칙의 지배를 받으므로 물리적 자세로 설명하고 예측할 수 있는 방식으로 움직인다. 위로 던진 물체가 자명종이든 금붕어든 동일한 바탕 위에서 그 낙하 궤도를 예측할 수 있다. 심지어 다른 궤도를 그릴 가능성이 많은 모형 비행기나 새도 모든 순간 모든 높이에서 물리 법칙에 종속되어 움직인다.

(돌과는 달리) 인공물인 자명종은 구조적 자세라는 더 근사한 방법으로 예측할 수 있다. 구조적 자세는 우리가 늘 애용하는 지름길이다. 누군가 나에게 새로 나온 디지털 자명종을 선물했다고 하자. 내부 구조와 겉모양은 아주 생소하지만 겉에 달린 단추들과 작동하는 것을 잠깐 훑어보면 이 단추를 이렇게 누르면 몇 시간 뒤에 자명종이 커다란 소리를 낼 거라고 자신할 수 있다. 구체적으로 어떤 소리가 날지는 몰라도 아무튼 그것은 잠을 확 달아나게 할 만큼 큰 소리일 것이다. 이 신기한 규칙성을 설명하기 위해 물리 법칙을 깊이 공부할 필요는 없다. 시계를 분해하여 부품들의 무게를 재고 전압을 측정할 필요도 없다. 그저 이것이 특정한 구조로 '설계'되어 있으며 그 구조와 설계에 알맞게 움직일 것이라고 가정할 따름이다. 나는 그 예측에 제법 많은 것을 걸 각오가 되어 있다. 목숨까지야 걸지는 않겠지만 자명종만 믿으면 강의 시간에 늦거나 기차

시간을 놓치는 일은 없을 거라고 자신할 수 있다.

구조적 자세에 바탕을 둔 예측은 물리적 자세에 기초를 둔 예측보다 위험하다. 어떤 물체가 내가 가정하는 식으로 설계되어 있고 그 구조에 따라 기능할 것이라는, 다시 말해서 고장 나지 않을 것이라는 또 하나의 가정을 끌어들여야 하기 때문이다. 설계된 사물은 잘못 만들어질 때가 있으며 고장도 종종 난다. 그러나 위험을 감수하는 이 정도의 희생은 예측이 엄청나게 쉬워지는 것에 비하면 무시할 만하다. 구조적 자세에 바탕을 둔 예측은 잘만 활용하면 짧은 물리학 지식으로 지겨운 계산을 해야 하는 수고를 크게 덜어줄 뿐 아니라 위험 부담도 적고 비용도 저렴한 지름길이다. 실제로 우리는 일상 생활에서 이런 구조적 자세에 크게 기대어 살아간다. 우리는 배선이 잘못되었을 경우 목숨을 앗아 갈 수도 있는 전자 장비를 거리낌 없이 전원에 꽂았다 뺀다. 변속 장치에 고장이 나서 언제 무서운 속도로 가속될지 모르는 버스에 선뜻 올라탄다. 한 번도 타 보지 않은 엘리베이터 안에서 태연자약하게 단추를 누른다.

구조적 자세에 바탕을 둔 예측은 보통 잘 설계된 인공물에서 진가를 발휘하지만 살아 있는 생명과 그 생명을 구성하는 성분 같은 대자연의 작품에도 잘 먹혀든다. 식물의 생장과 번식이 물리학과 화학으로 규명되기 훨씬 전부터 사람들은 어떤 씨앗을 언제쯤 뿌리면 어떤 열매를 맺는다는 구조적 자세에 입각한 지식에 기대어 살았다. 씨앗을 땅에 뿌리고 나서 약간만 보살피면 몇 달 뒤에는 먹을거리가 생긴다.

구조적 자세에 바탕을 둔 예측이 물리적 자세에 바탕을 둔 예측(안전하지만 계산하기 지겨운 예측)보다 위험 부담이 크다고 말했다. 그러나 더욱 위험하면서 더 신속한 예측은 지향적 자세에서 나온다. 설계된 존재를 일종의 행위자로 움직인다고 여기면 지향적 자세는 구조적 자세의 하위 범주로 볼 수도 있다. 지향적 자세를 자명종에 적용해 보자. 이 자명종은 나의 하인인 셈이다. 만일 자명종에게 특정 시각을 주지시킴으로써 나를 깨우라는 명령을 내린다면 나는 그 시각이 되었을 때 약속된 행동을 충실하게 이행할 수 있는 자명종의 내적 능력을 신뢰하는 셈이다. 지금이 바로 소리를 낼 시간이라고 믿는 순간 자명종은 내가 이전에 내린 명령으로부터 동기를 부여받아 그에 걸맞은 행동을 할 것이다. 자명종은 너무나 단순하기 때문에 왜 그런 행동을 하는지를 이해하기 위해서 인격체를 끌어들일 필요는 없지만 어린이에게 자명종의 사용법을 설명할 때에는 그런 방식을 써먹을 수도 있다. "언제 일어나고 싶인지를 말해 두면 녀석이 기억하고 있다가 요란한 소리를 낼 거야."

문제의 인공물이 자명종보다 훨씬 복잡할 때에는 지향적 자세가 참 요긴하다. 아니, 불가피하다고까지 말할 수 있다. 체스를 두는 컴퓨터가 있다. 노트북이든 슈퍼 컴퓨터든 컴퓨터를 체스 기사(棋士)로 탈바꿈시키는 프로그램의 종류는 수백 가지에 이른다. 물리적 수준과 설계적 수준의 많은 차이점에도 불구하고 이 컴퓨터들은 동일하고 단순한 해석 전략의 틀 안에 고스란히 갇혀 있다. 우리는 그것들을 승부욕에 불타고 체스의 규칙과 원리, 말을 놓는 위치를 잘 아는 합리적 행위자로 여기면 된다. 이렇게 하면 물리적 자세나 구조적 자세를 고수하려고 애쓸 때보다 컴퓨터의 행동을 꿰뚫고 점치는 작업이 한결 쉬워진다. 체스 경기가 벌어지는 순간 순간마다, 컴퓨터의 차례가 돌아왔을 때 체스판을 가만히 들여다보면서 컴퓨터에게 합법적으로 주어진 모든 경로를 그려 보라(몇십 가지는 족히 될 것이다.). 왜 합법적인 경로에만 국한시키느냐고? 컴퓨터는 이기는 시합을 하고 싶어 하고 시합에서 이기려면 합법적으로 움직여야 한다는 사실을 안다고 내가 추정하기 때문이다. 컴퓨터는 합리적이고자 하기 때문에 제한된 경로들의 범위 안에서 움직인다. 이제 나는 합법적 경로들에 묘수(가장 지혜롭고 합리적인 수)

에서 악수(가장 어리석은 자충수)까지 자리 매김하고 나서 컴퓨터가 최선의 수를 둘 것이라고 예측한다. 무엇이 최선의 수인지 나는 확신을 못할 수도 있지만(컴퓨터가 나보다 상황을 더 예리하게 파악할 수도 있기 때문이다!) 이변이 없는 한 나의 머릿속에서는 좋은 수가 네댓 가지로 압축된다. 그것은 아주 높은 예언력이다.

때로는 컴퓨터가 궁지에 몰려 자멸을 피할 수 있는 수가 단 하나밖에 없는 경우가 있다. 그런 수는 확실하게 예측할 수 있다. 그것은 물리 법칙에서 나오는 것도 아니고 컴퓨터의 특수한 설계 구조에서 나오는 것도 아니다. 다른 식으로는 움직이지 말고 꼭 그런 식으로만 움직여야 하는 피치 못할 이유에서 나오는 것이다. 어떤 물리 재료로 만들었든 실력 있는 체스 기사라면 누구나 같은 수를 둘 수밖에 없다. 유령이나 천사라도 예외는 아니다! 컴퓨터 프로그램이 어떻게 설계되었더라도 나는 문제의 프로그램이 좋은 이유를 좇아서 움직일 수 있을 만큼 잘 설계되었으리라는 대담한 전제를 깔고서 지향적 자세에 기대어 예측한다. 나는 마치 프로그램이 합리적인 행위자인 것처럼 그 대응을 예측한다.

지향적 자세가 이런 경우에는 요긴하다는 사실을 부인할 수 없지만 이것을 얼마나 진지하게 받아들여야 할까? 이기고 지는 데 정말로 컴퓨터가 관심을 가질까? 왜 자명종이 주인의 명령을 따르고 싶어 한다고 생각하는 것일까? 오히려 자연적 목표와 인공적 목표를 대비시키면서 모든 진정한 목표는 궁극적으로 자기 방어에 힘쓰는 생명체가 어려운 처지를 헤쳐 나오는 것이라고 생각할 수도 있을 것이다. 그러나 간과해서는 안 될 점이 있다. 지향적 자세는 우리가 갖다 붙이는 목표가 진짜도 아니고 자연스럽지도 않고 행위자에 의해 '정말로 파악되는' 것이 아니더라도 좌우지간 먹혀든다는 사실이다. 이런 융통성은 제대로 된 목표가 어떻게 추구되는가를 이해하는 데도 중요하다. 거대 분자는 정말로 스스로를 복제하고 싶어 할까? 이런 질문에 어떤 답이 나오든 지향적 자세는 사태를 설명한다. 실험실 접시의 바닥을 아무렇게나 휘젓고 다니면서 독성이 강한 쪽은 피하고 영양분이 많은 쪽으로만 다가가는 플라나리아나 아메바 같은 단순한 유기체를 생각해 보자. 이 유기체는 좋은 것을 좇고 싫은 것을 피한다. 물론 이것은 물건을 쓰는 사람이 느끼는 좋고 싫음이 아니라 유기체 자신이 느끼는 호불호다. 자신의 이익을 추구하는 것은 모든 합리적 행위자의 기본 특성이지만 이 단순한 유기체가 정말로 무언가를 추구하긴 추구하는 것일까? 우리는 그런 물음에 답할 필요가 없다. 어떤 답변이 주어지든 그 유기체가 예측 가능한 지향계라는 사실은 달라지지 않는다.

『메논(Menon)』에서 소크라테스가 누군가가 의도적으로 악(惡)을 바랄 수 있는지를 물었을 때 말하려던 것이 바로 그것이었다. 지향계는 오해나 무지 또는 순전히 광기에 휩싸여 악을 바라기도 하지만 이것은 선(善)으로 여겨지는 것을 바라는 합리성의 일부분이다. 조상들의 자연선택이 승인하고 강화한 것은 선과 선의 추구 사이에 놓인 건설적 관계였다. 불행하게도 자신에게 불리한 것을 추구하도록 유전적으로 설계된 존재는 결국 후손을 남기지 못한다. 자연선택의 산물이 자신에게 이로워 보이는 것을 추구하는 현상은 그저 우연으로 보아 넘길 일이 아니다.

아무리 단순한 유기체라도 자신에게 좋은 것을 누리려면 최소한의 감각 기관이나 분별 장치(좋은 것이 나타났을 때에는 켜지고 사라졌을 때에는 꺼지는 간단한 스위치)가 있어야 한다. 이 스위치 내지 변환기는 알맞은 신체 반응으로 통합되어야 한다. 여기서 기능이 나타난다. 바위는 기능 장애를 보일 수 없다. 자신의 이익을 좇는 데 필요한 장치가 마련된 상태도 아니고 빠진 상태도 아니기 때문이다. 어떤 존재를 지향적 자세로 해석하기로 마음먹을 때 우리는 자신을 ㄱ 존재의 보호자 위치에 두는 셈이다. 우리는 실제로 이렇게 자문한다. "이 생물처럼 어려운 입장에 놓이면 나는 어떻게 대응할까?" 여기서 지향적 자세의 밑바닥에 깔린 인격화가 드러난다. 우리는 모든 지향계를 마치 그것이 사람을 닮은 것처럼(사실은 그렇지 않은데도 말이다.) 다룬다.

이것은 우리의 관점, 그러니까 마음을 지닌 존재가 공유하는 관점을 잘못 적용하는 것일까? 꼭 그렇다고 보기는 어렵다. 진화의 역사를 볼 때 그것은 실제로 일어난 상황이었다. 유기체는 수십억 년에 걸쳐 서서히 진화하면서 점점 복잡하게 분화하는 자신의 이익을 챙길 수 있도록 설계된 다재다능한 기제를 모았다. 결국 사람이라는 종 안에서 언어가 생기고 그 언어가 허용하는 다양한 반성 행위(이것이 다음 장들의 주제다.)가 나타나면서 우리는 다른 존재의 마음에 경이로움을 느끼는 능력을 얻었다. 우리의 순진한 조상을 지배한 이 경이로움은 모든 움직이는 사물은 마음 또는 영혼을 지니고 있다는 생각, 곧 정령 신앙을 낳았다. 우리의 선조는 왜 호랑이는 사람을 잡아먹고 싶어 하는가만이 아니라 왜 강물은 바다로 흘러 들어가려 하고 구름은 비를 내리는 대가로 우리에게 무엇을 원하나 같은 물음을 던졌다. 의식이 정교해지면서(이것은 진화의 장구한 역사에서 좀처럼 볼 수 없었던 아주 최근에 일어난 발전이다.) 우리는 무생물계라고 일컬어지는 영역에서 지향적 자세를 슬며시 빼서 우리와 좀 더 닮은 존재에만 적용시켰다. 그런 존재는 대개 동물이지만 식물도 비슷한 맥락으로 이해하는 경우가 많다. 우리는 인위적으로 만든 봄날의 온도와 광선으로 '농간을 부려' 때 이른 꽃망울을 터뜨리도록 꽃을 '속이며' 채소가 미친 듯이 바라는 물을 차단하여 더 깊이 뿌리를 내리도록 '조장한다.' (언젠가 한 벌목꾼이 내가 사는 숲의 고지대에서 소나무를 좀처럼 찾기 어려운 이유를 안다고 말한 적이 있다. 이유인즉슨 "소나무는 발이 젖어 있는 걸 좋아하기 때문"이라는 것이었다.) 식물을 이런 식으로 대접하는 것은 자연스럽고 무해할 뿐 아니라 더 적극적인 의미에서는 우리의 이해를 돕고 더 나아가 발견의 중요한 지렛대가 되어 준다. 생물학자는 어떤 식물이 초보 수준의 식별 기관이 있다고 판단되면 곧바로 그 기관의 용도가 무엇인지를(그 식물이 왜 주위 환경으로부터 그런 정보를 입수하는지를) 묻는다. 거기서 얻은 답은 중요한 과학의 발견으로 인정될 때가 많다.

정리하자면 지향계는 그 행동이 지향적 자세에 의해서 예측되고 규명되는 모든 존재를 일컫는다. 자기 복제하는 거대 분자, 자동 온도 조절 장치, 아메바, 식물, 쥐, 박쥐, 사람, 체스를 두는 컴퓨터는 흥미도에서는 차이가 많을지 모르지만 하나같이 지향계다. 지향적 자세의 핵심은 어떤 존재의 행동을 예측하기 위해 그 존재를 행위자로 예우하는 것이므로 우리는 그 존재가 영리한 행위자라고 가정해야 한다. 멍청한 행위자는 도무지 종잡을 수 없는 해괴망측한 짓을 저지를지도 모르기 때문이다.

행위자가 (주어진 조건 속에서는) 오직 지혜로운 수만을 둔다는 이 대담한 가정 덕분에 우리는 예측력을 얻는다. 행위자가 상황을 받아들이는 토대, 행위자가 가지는 목표나 욕구의 토대와 관련된 특수한 믿음과 욕망을 행위자에게 돌리는 방식으로 주어진 조건을 묘사한다. 이 경우 우리의 예측력은 이런 특수한 상황과 밀접하게 결부되므로, 다시 말해서 우리가 이론가로서 보이는 믿음과 욕망, 또 문제의 지향계가 드러내는 믿음과 욕망의 특수한 내용에 예민하게 반응하기 마련이므로 나는 그런 체계를 지향계(intentional system)라고 부른다. 이것은 철학에서 말하는 지향성과 통한다.

철학적 의미가 담긴 이 '지향성(intentionality)'이라는 말은 논란의 여지가 많은 개념이라서 철학의 문외한은 이것을 잘못 이해하고 잘못 쓰기 쉽다. 여기서 잠깐 그 뜻을 짚고 넘어가자. 헷갈려서 탈이지만 intentionality라는 철학 용어는 '의도'라는 뜻도 있다.

하나는 일상어고 하나는 전문어다. 우리는 어떤 사람의 행동이 의도적이었는지 아니었는지를 흔히 따진다. 운전자가 교각을 들이받았다고 하자. 그는 의도적으로 자살을 하려 한 것인가 아니면 그저 깜빡 졸았을 뿐인가? 사고 현장에서 누군가가 경관을 '아버지'라고 불렀다면 그것은 의도적인 것인가 아니면 말이 잘못 나온 것인가? 여기서 우리는 사실은 의도성이 아니라 지향성을 묻고 있는 것이 아닐까? 일상적 의미에서는 그럴지 몰라도 철학적 의미에서는 그렇지 않다.

철학에서 말하는 지향성은 그저 겨냥(aboutness)이다. 자기 아닌 다른 존재를 어떤 식으로든 겨냥하는 행동을 할 때 그 존재는 지향성을 드러낸다. 지향성을 드러내는 존재는 다른 존재에 대한 표상(representation, 지각에 의하여 의식에 나타는 외부 대상의 이미지—옮긴이)을 지닌다고 말할 수도 있겠지만 이런 식의 표현은 설명도 제대로 못할 뿐 아니라 문제점도 많다. 자물쇠는 자물쇠를 여는 열쇠의 표상을 지니는가? 자물쇠와 열쇠는 가장 원초적인 지향성을 드러낸다. 뇌세포 안에 있는 마약 수용체에 대해서도 우리는 같은 말을 할 수 있다. 그 수용체는 자연이 수백만 년 동안 뇌에서 제공한 엔도르핀 분자를 받아들이도록 설계되었다. 하지만 수용체는 속일 수 있다. 가짜를 앞세워 빗장을 열 수 있다. 모르핀 분자가 마약 수용체의 문을 열 수 있다는 소리다. 모르핀 분자는 마약 수용체의 문을 열 수 있도록 최근에 개발된 인공 열쇠다(사실 뇌가 스스로 만드는 진통제 엔도르핀을 찾아내려는 탐구의 동력으로 작용한 것도 이렇게 아주 특수한 반응을 보이는 수용체의 발견이었다. 연구자들은 이 특수한 수용체가 어딘가를 겨냥하려면 이미 뇌 안에 무언가가 틀림없이 있다고 추정했다.). 자연은 자물쇠-열쇠라는 원시적 겨냥의 형식을 설계의 기본으로 삼아 표상계라고 부를 만한 세련된 체계를 만들었다. 따라서 이 표상 차원의 겨냥도 어디까지나 자물쇠-열쇠 차원의(사이비?) 겨냥으로 분석해야 마땅하다. 자동 온도 조절 장치를 구성하는 두 금속의 휜 정도는 실내 온도의 표상이며 자동 온도 조절 장치의 조절 레버 위치는 우리가 원하는 실내 온도의 표상이라고 말해도 좋다. 물론 엄격히 말하면 표상이 아니라고 말할 수도 있다. 그렇지만 실내 온도를 겨눈 정보가 거기에 구체화된 것은 분명하다. 두 금속의 휜 정도와 조절 레버 위치가 간단한 지향계의 원활한 기능에 이바지할 수 있는 것은 이런 구체화 덕분이다.

철학자는 왜 겨냥을 '지향성'이라고 부를까? 그 이유는 이 말을 처음 쓴 중세 철학으로 거슬러 올라간다. 중세 철학자는 지향

현상과 무언가를 화살로 겨누는 행위 사이에서 비슷한 점을 찾아냈다. 지향 현상은 어떤 대상을 표적으로 겨누거나 가리키거나 은근히 드러내는 일종의 화살로 무장했다고 말할 수 있다. 하지만 이렇게 최소한의 지향성을 드러내는 수많은 현상은 의도에 따라서 움직이지는 않는다. 가령 지각, 감정, 기억은 의도적인 것과는 거리가 먼 겨냥도 선보인다. 어디까지나 무의식적이고 기계적으로 대상에 반응할 수 있다. 눈앞에 나타난 말(馬)을 알아차리는 데는 딱히 의도가 끼어들 구석이 없지만 알아차림의 상태는 아주 특수한 겨냥을 드러낸다. 나는 그것을 말로 알아차린다. 만일 내가 그것을 큰 사슴이나 오토바이에 탄 사람으로 잘못 알아차렸다면 나는 다르게 겨냥한 것이다. 나는 있지도 않은 큰 사슴 또는 오토바이에 탄 사람이었다고 착각한 허깨비를 겨눈 것이다. 큰 사슴이 눈앞에 있다고 잘못 생각한 것과 오토바이에 탄 사람이 눈앞에 있다고 잘못 생각한 것은 심리적으로 큰 차이가 있고 결과도 그만큼 달라진다. 중세의 이론가는 지향성의 화살은 이렇게 구체적으로 겨누면서도 아무것도 겨누지 않을 수 있다는 사실을 알았다. 그래서 실재하든 실재하지 않든 우리가 생각하는 대상을 지향 대상(intentional object)이라고 불렀다.

―

무언가에 대해 생각하려면 생각하는 방식(있을 수 있는 수많은 방식의 하나)이 있어야 한다. 모든 지향계는 그 지향계의 '생각'이 무엇이든 그런 특수한 방식에 의존하여 지각하고 탐색하고 식별하고 경계하고 회상하고 생각한다. 현실과 이론의 양면에서 나타나는 숱한 혼란의 가능성은 이런 의존성에서 비롯된다. 어떤 지향계를 혼란에 빠뜨리는 최선의 길은 그 지향계가 지각하고 사고하는 방식(들) 중에서 허점을 찾아 이용하는 것이다. 자연은 이런 주제를 놓고 셀 수 없이 많은 변형을 모색했다. 다른 지향계를 혼란에 빠뜨리는 일이야말로 생명을 지닌 지향계가 우선적으로 추구하는 목표다. 결국 살아 있는 지향계의 으뜸가는 욕망은 성장, 회복, 번식에 필요한 기운을 제공하는 먹이로 쏠린다. 그러므로 모든 생물은 먹이(좋은 물질)를 나머지 세상과 구별해야 한다. 여기서 자연스럽게 또 하나의 으뜸가는 욕망이 싹튼다. 그것은 다른 지향계의 먹이가 되는 것을 피하는 일이다. 위장, 흉내, 잠행 등의 숱한 책략은 자연 속의 자물쇠 제조자들을 숱한 시험에 빠뜨려 결과적으로 사물을 분간하고 추정하는 능력을 더욱 강화시킨 진화의 원동력이 되었다. 그러나 완벽한 길은 있을 수 없다. 실패의 위험을 무릅쓰지 않으면 성공의 가능성도 없다. 지향계 안에서 벌어질 수 있는 성공(과 실수)의 다양한 변형을 따지고 구별하는 작업은 그래서 중요하다. 어떤 지향계가 자신의 상황에서 실제로 거두는 '성공'의 내용을 이해하기 위해서는 그 지향계가 대상을 구별하는 능력에 의존하는 방식을, 다시 말해서 대상을 '겨눈 생각'을 정확히 그릴 수 있어야 한다.

그러나 불행하게도 이론가로서 우리는 과장하는 버릇이 있다. 대상을 세분할 수 있는 (언어 구사력 덕분에 생긴) 우리의 무한한 능력을 모든 지향성에 확대 적용하는 것이다. 어떤 개구리가 혀를 날름 뻗어 부근을 날던 물체를 붙잡았다고 하자. 개구리는 헛다리를 짚었을 수도 있다. 개구리가 삼킨 것은 장난꾸러기 아이가 던진 작은 구슬일 수도 있고 낚시꾼이 낚싯줄에 꿰어 놓은 미끼일 수도 있고 아니면 먹을 수 없는 이상야릇한 물건일 수도 있다. 개구리가 실수를 저질렀다고 하자. 정확히 어떤 실수(들)를 저지른 걸까? 개구리는 무엇을 붙잡는다고 '생각'했을까? 파리? 날아다니는 먹이? 움직이는 검은 구체? 언어를 구사하는 인간은 개구리가 생각할 법한 내용을 무한히 세분할 수 있다. 그래서 인간의 생각과 그 생각의 명제 내용을 분석할 때(원리적으로) 나아갈 수 있는 정교한 수준까지 개구리의 상태와 행동 내용을 압축한 뒤에야 비로소 개구리에게 참다운 지향성을 귀속시킬 수 있다는 섣부른 주장도 나왔다.

이론적 혼란의 주원인은 바로 이것이었다. 설상가상으로 논리학에는 이처럼 대상을 무한히 세분해서 구별하는 인간 언어의 능력을 가리키는 편리한 전문 용어가 있다. 지향성을 뜻하는 intentionality와 s자 하나만 다른 intensionality, 곧 내포성이라는 단어다.

내포성은 언어의 고유한 특성이다. 내포성은 다른 표상계(그림, 지도, 그래프, ……)에 섣불리 적용하기 곤란하다. 논리학자가 흔히 받아들이는 원칙에 따르면 한 언어의 단어나 기호는 논리어 또는 기능어('만일', '그리고', '또는', '아닌', '모든', '일부의', ……)와 온갖 토론 주제만큼이나 다양한 술어('빨간', '큰', '할아버지', '산소', ……)로 나눌 수 있다. 의미를 가진 모든 술어는 그 술어가 가리키는 사물 또는 사물들의 집합인 외연과, 사물 또는 사물들의 집합이 선택되거나 결정되는 특별한 방식인 내포를 지닌다. '첼시어 클린턴의 아빠'와 '1995년의 미국 대통령'은 똑같이 빌 클린턴을 가리키며 똑같은 외연을 갖지만 이 동일한 존재를 다른 방식으로 겨냥하므로 내포는 다르다. '등변 삼각형'이라는 술어는 '등각 삼각형'이라는 술어와 정확히 같은 대상 집합을 추려내므로 이 두 술어는 똑같은 외연을 갖지만 동일한 대상을 뜻하지는 않는다. 앞의 술어는 삼각형의 변이 같다는 사실을 겨냥하며 뒤의 술어는 삼각형의 각이 같다는 사실을 겨눈다. 그러므로 내포는 외연과 다르며 어디까지나 의미를 뜻한다. 지향성도 결국 의미를 뜻하는 것이 아닐까?

    논리학자는 이런저런 이유로 술어의 내포들에 나타나는 차이를 무시하고 외연들만 좇을 수 있다고 말한다. 장미는 어떤 이름으로 불리든 달콤한 향기를 풍기므로 만일 장미가 논의의 주제라면 장미의 집합을 토론으로 끌어들이는 무한히 다양한 방법은 논리적 관점에서는 결국 같을 수밖에 없다. 물은 H_2O이므로 만일 우리가 '물'이라는 술어를 쓰는 게 물에 관하여 참답게 말한다면 물 대신에 H_2O라는 술어를 쓴다 하더라도 역시 참답게 말하는 것이다. 비록 이 두 술어가 의미, 곧 내포에서 미묘한 차이점을 보이지만 말이다. 이런 표현의 자유는 수학 같은 영역에서 확연히 드러난다. 수학에서는 '등가 치환'을 마음껏 할 수 있으므로 '4의 제곱'을 '16'으로 바꿀 수 있고 그 반대도 가능하다. 다른 술어지만 같은 수를 가리키기 때문이다. 언어의 맥락에서 이루어지는 이런 치환의 자유를 지시의 투명성(referential transparency)이라고 한다. 이 말은 술어를 꿰뚫고 들어가 술어가 가리키는 대상을 투시할 수 있다는 뜻이다. 하지만 주제가 장미가 아니라 장미에 관한 생각, 또는 장미에 관해 (또는 장미에 관한 생각에 관해) 말하는 것일 때에는 내포의 차이는 중요할 수 있다. 주제가 지향계와 그 지향계의 믿음이나 욕망일 때 이론가가 쓰는 언어는 내포에 민감하다. 논리학자는 이런 담론은 지시의 불투명성(referential opacity)을 드러낸다고 말할 것이다. 술어 자체가 걸림돌이 되어 주제를 미묘한 혼란으로 몰아넣는다는 것이다.

지향적 자세를 취할 때 지시의 불투명성이 실제로 얼마나 중요하게 작용하는가를 알아보기 위해 지향적 자세가 인간에게 구체적으로 적용되는 간단한 예를 검토해 보자. 별다른 생각 없이 매일 실천에 옮기는 행동이면서도 거기에 결부된 내용을 입으로 말하는 경우는 아주 드문 그런 행동 말이다. 여기 최근의 철학 논문에서 끌어 온 사례가 있다. 조금은 황당무계하지만 우리가 알려는 내용을 자세히 드러낸다는 점에서 유익하다.

브루투스는 카이사르를 죽이고 싶었다. 그는 카이사르가 평범한 자연인이므로 칼로 찌르는 것(칼을 그의 심장에 꽂아 넣는 것)이 그 사람을 죽이는 방법이라고 믿었다. 그는 자신이 카이사르를 찌를 수 있다고 생각했다. 자기에게 칼이 있음을 알았고 카이사르가 광장에서 자기 왼편에 서 있는 것을 보았기 때문이다. 그래서 브루투스는 왼편에 서 있는 남자를 찌르자는 충동을 느꼈다. 그는 찔렀고 그렇게 해서 카이사르를 죽였다.(Israel, Perry, and Tutiya, 1993, 515쪽)

이 설명문에서 '카이사르'라는 말이 은밀하게 이중의 역할을 맡고 있다는 중요한 사실에 주목하기 바란다. 이 말은 토가를 입고 광장에 서 있는 사나이, 곧 카이사르를 골라내는 자연스럽고 선명한 방식으로도 자기 몫을 하지만 브루투스가 자기 나름의 방식으로 그 사나이를 골라내는 방식으로도 한몫한다. 옆에 서 있는 카이사르의 모습을 브루투스가 보는 것만으로는 충분하지 않다. 브루투스는 그가 카이사르임을, 곧 자기가 죽이려는 남자임을 알아야 한다. 만약 브루투스가 자기 옆에 서 있는 사나이, 곧 카이사르를 카시우스로 오인했다면 그는 그 남자를 죽이려 들지 않았을 것이다. 그는 위의 글을 쓴 철학자가 말하듯이 자기 왼편에 서 있는 사나이를 죽이고 싶은 충동을 느끼지 않았을 것이다. 자기 마음 안에서 결정적 연관성(왼편에 서 있는 사나이를 자신의 목표와 동일시할 수 있는 연관성)을 이끌어 낼 수 없었을 테니까 말이다.

개가 '어떻게' 생각하는지 우리는 알 수 있을까?

행위자는 늘 상황에 대한 특수한 이해(또는 오해)의 바탕 위에서 행동한다. 지향계를 설명하고 예측하려면 그런 이해가 무엇인지를 꿰뚫어야 한다. 지향계의 행위를 점치려면 행위자의 믿음과 욕망이 무엇을 겨누는지를 알아야 하지만 어떻게 겨누는지도 엉성하게라도 알아야 한다. 그래야 결정적 연관성을 벌써 이끌어 냈는지 혹은 앞으로 이끌어 낼 것인지를 말할 수 있다.

지향적 자세를 잡을 때에는 행위자가 관심 대상을 어떻게 골라내는지를 엉성하게라도 알아야 한다는 내 말에 주목하기 바란다. 이 점을 무시하면 골치가 아파진다. 보통 때는 행위자가 과제를 어떤 식으로 이해하는지 잘 몰라도 된다. 지향적 자세는 다행스럽게도 웬만큼 융통성이 있다. 행위자가 과제를 어떻게 이해하는지를 정확히 나타내다 보면 빗나가기 쉽다. 그것은 현미경으로 시집을 읽겠다는 것처럼 무익하다. 문제의 행위자가 어느 정도의 구분을 할 수 있는 언어의 도움을 받아 상황을 이해하는 것이 아니라면 우리의 언어가 가진 탁월한 해결력을 그 행위자의 특수한 생각, 특수한 사고 방식, 특수한 감수성을 표현하는 과정에 곧바로 끌어들이는 것은 옳지 않다(그러나 이론적 맥락에 따른 세부적 차원에서 그 특수성을 묘사하는 데에는 간접적으로 언어를 이용할 수 있다.).

그런데 이런 논리는 설득력 있어 보이는 다음의 논리 때문에 혼란스러워진다. 개는 생각을 할까? 생각을 한다면 당연히 구체적으로 해야 한다. 생각은 구체적으로만 존재할 수 있지 않은가? 구체적 생각은 구체적 개념을 담게 마련이다. 내가

    그릇에 쇠고기가 수북하다.

라는 생각을 하려면 나는 그릇과 쇠고기의 개념을 알아야 하며 이런 개념을 알기 위해서는 그 밖의 숱한 개념들(함지박, 접시, 소, 고기, ……)을 알아야 한다. 이 구체적 생각은

    함지박에 쇠고기가 수북하다.

라는 생각이나

접시에 송아지 간이 수북하다.

라는 생각과도 쉽게 구별되어야 한다. 더욱이

음식을 담아서 먹는 물건에 들어 있는 붉은 빛깔의 맛있는 덩어리는 그들이 나에게 보통 때 주는 마른 덩어리가 아니다.

와 같은 생각과는 더욱 뚜렷이 구별되어야 한다. 개는 도대체 어떤 생각을 할까? 개가 하는 생각을 어떻게 해야 사람의 말로 정확히 나타낼 수 있을까? 이것이 불가능하다면(실제로 불가능하다.) 개는 전혀 생각을 못 하든가 아니면 개의 생각은 애당초 표현할 길이 없어 우리의 이해 범위를 넘어선다고 보아야 한다.

이 두 가능성이 모두 놓치는 구석이 있다. 둘 다 개의 '생각'을 (사람의 말로) 나타내지 못하는 것은 사람의 말이 너무 조밀하기 때문일지도 모른다는 점을 간과한다. 그리고 말로 나타낼 수 없을지는 몰라도 신비스러운 구석을 조금도 남겨두지 않고 샅샅이 그려낼 수 있을지 모른다는 점도 간과한다. 개는 대상을 준별하는 남다른 방식이 있을 테고 그것은 아주 색다르고 고유한 '개념들'로 엮어질 수 있을 것이다. 개가 대상을 준별하는 방식의 생리를 파악하고 그 작용을 그려 낼 수 있다면, 비록 사람이 쓰는 어떤 언어로도 개가 생각하는 내용을 표현하는 문장을 찾아내지 못한다 하더라도, 마치 우리가 대화를 통해 다른 사람이 생각하는 내용을 알아낼 수 있는 것만큼은 개가 생각하는 내용을 알아낼 수 있을 것이다.

마음을 가진 사람이 지향적 자세를 다른 존재에 들이대면서 다른 존재를 이해하는 데 쓰는 자기만의 남다른 수법을 고집하는 것은 결국 사람의 틀을 다른 존재에게 강요하는 오만한 행동인 셈이다. 그러다 보면 지향계를 실제보다 훨씬 명료하고, 내용도 실제보다 훨씬 선명하고 정교하고, 짜임새도 실제보다 훨씬 높은 것으로 잘못 아는 실수를 저지를 수 있다. 우리 마음의 특수한 조직화 '유형'을 이 단순한 체계 안으로 지나치게 끌고 들어갈 위험성도 있다. 우리가 필요하다고 느끼는 모든 것, 곧 수많은 욕망, 정신 경험, 정신 자원을 이 단순한 마음의 후보자도 공유하는 것은 아니기 때문이다.

수많은 유기체가 해를 '경험'하고 심지어는 해가 움직이는 길에 기대어 목숨을 이어 나간다. 해바라기는 하늘을 가로지르는 해의 움직임에 맞추어 방향을 틀면서 햇볕을 최대한 많이 받으려고 꾸준히 해를 뒤쫓는다. 그렇지만 해바라기는 해가 나중에 언제쯤 다시 나타나리라 계산하지는 못하므로 이런 계산에 맞추어 느리고 단순한 자신의 '행동'을 조절하지도 못한다. 동물에게는 그런 섬세한 조절력이 있다. 맹수에게 잡아먹히지 않으려고 그늘에 숨을 줄도 알고, 나무의 그늘이 조만간 길어지리라는 사실을 (무심결에 어렴풋이) 헤아리며, 뙤약볕 아래서도 늘어지게 낮잠을 잘 수 있는 곳이 어디인지를 짚어내기도 한다. 동물은 다른 대상(짝, 사냥감, 새끼, 좋아하는 먹이가 있는 곳)을 찾고 알아차리며 해를 쫓을 줄도 안다. 그런데 사람은 그저 해를 쫓는 차원을 넘어 "그 해가 또 나타났구나."라는 식으로 해를 존재론적으로 발견한다. 매일 똑같은 해가 뜬다는 사실을 안다.

독일의 논리학자 고틀로프 프레게(Gottlob Frege)가 든 예는 한 세기 이상 논리학자와 철학자의 사유를 자극했다. 고대 그리스인이 포스포로스라고 불렀던 샛별과 헤스페로스라고 불렀던 저녁별은 실은 같은 행성, 그러니까 금성이다. 이것은 지금은 누구나 아는 상식이지만 옛날 사람들은 오랫동안 이런 사실을 까맣게 몰랐다. 오늘날 책에 의존하지 않고 이런 사실을 구체적으로 논증하고 결정적 증거를 모을 수 있는 사람이 과연 몇이나 될까? 그런데도 우리는 어릴 때부터 이런 가설을 (선뜻 받아들이고) 쉽게 이해한다. 그렇지만 사람이 아닌 다른 생물이 이 하늘의 작은 발광점이 동일한 천체라는 가설을 제시하고 더구나 구체적으로 논증까지 할 수 있으리라고는 도저히 상상할 수 없다.

매일 하늘을 가로지르는 이 거대하고 뜨거운 원반은 그날그날 새롭게 태어나는 것은 아닐까? 이런 질문이라도 던질 수 있는 유일한 종이 바로 인간이다. 해와 달을 계절과 비교해 보자. 해마다 봄은 돌아오지만 우리는 돌아온 봄이 같은 봄인지 (더 이상) 묻지 않는다. 아득한 옛날 봄을 신처럼 떠받들었던 우리의 선조는 어쩌면 봄을 보편자의 순환이 아니라 특수자의 복귀로 여겼는지도 모른다. 그러나 인간이 아닌 다른 종에게는 이것은 문젯거리가 아니다. 어떤 종은 변화에 아주 민감하다. 인간의 감각으로는 도저히 따라갈 수 없을 만큼 정교한 변별력을 보이기도 한다(물론 사람은 현미경이라든가 분광기 같은 감각 확장 장치의 도움을 얻어 이 세상에 사는 어떤 생물보다도 더 많은 상황에서 더 섬세한 판별을 할 수 있기는 하다.). 그러나 동물은 매우 제한된 반성력을 가지고 있으며, 차차 살펴보겠지만 동물의 예리한 감각은 비교적 협소한 가능성들의 조합을 통해 전달된다.

반면에 인간은 온갖 것을 믿을 수 있다. 인간이 믿을 수 있는

대상과, 자신이 믿을 것을 세세하게 구별하는 인간의 능력에는 한도가 없어 보인다. 예를 들어 사람은

> 지금도 그렇고 지금까지도 그랬고 해는 날이 바뀌어도 늘 같은 별이다.

라는 믿음과,

> 지금의 해가 전임자와 자리바꿈을 한 1900년 1월 1일 이후로 해는 날이 바뀌어도 늘 같은 별이다.

라는 믿음을 구별할 수 있다. 뒤의 문장을 믿는 사람은 아무도 없을 테지만 이 믿음이 어떤 내용인지를 우리가 이해할 수 있고 이 믿음을 앞의 믿음과 역시 황당하지만 성격이 다른

> 해가 마지막으로 바뀐 것은 1986년 6월 12일이었다.

라는 믿음과도 구별할 수 있다는 사실을 지적하는 선에서 그치겠다.

지향계에 마음을 덧붙일 때의 기본꼴은 이른바 명제적 태도(propositional attitude)를 표현하는 문장이다.

>x는 p를 믿는다.
>y는 q를 바란다.
>z는 r를 의심한다.

이런 문장은 세 부분으로 되어 있다. 문제의 지향계를 가리키는 말(x, y, z), 태도의 구체적 내용이나 뜻을 가리키는 말(이 간단한 예에서는 p, q, r로 표시된 명제), 지향계에 덧붙이는 태도를 가리키는 말(믿는다, 바란다, 의심한다)이다. 물론 실제로 마음을 덧붙이는 문장에서 이런 명제는 어디까지나 문장(어느 나라 말이든)으로 표현되는데 이 문장 안에는 외연이 같은 다른 말로 바꿔넣을 수 없는 부분이 있다. 이것이 바로 지시의 불투명성이다.

우리는 명제라는 이론적 존재를 통해서 믿음을 확인하고 평가한다. 두 사람이 어떤 믿음을 공유한다는 것은 원리적으로 두 사람이 같은 명제를 믿는다는 뜻이다. 그렇다면 명제란 무엇일까? 철학에서 통용되는 명제는 동일한 뜻을 지닌 모든 문장이 공유하는 추상적 의미를 가리킨다. 예를 들어 다음 문장들은 다 같은 명제인 것이다.

    1. 눈은 희다.
    2. La neige est blanche.
    3. Der Schnee ist weiss.

내가 '눈은 희다.'는 믿음을 톰에게 덧붙인다면 프랑스 사람 피에르와 독일 사람 빌헬름도 프랑스 어와 독일어로 똑같은 믿음을 톰에게 덧붙일 수 있어야 한다. 이들이 톰에게 덧붙이는 발언을 톰이 이해하지 못하더라도 위의 문장들은 똑같은 명제를 나타낸다. 톰이 고양이더라도 모국어밖에 모르는 터키 사람이더라도 사정은 같다.

그렇다면 다음과 같은 문장들도 같은 명제, 곧 같은 추상적 의미를 공유하는 것일까?

    4. 빌이 샘을 때렸다.
    5. 샘은 빌에게 맞았다.

6. 샘을 희생자로 삼아 가격한 행위의 주체는 빌이었다.

이것들은 모두 '같은 것을 말한다.'고 볼 수 있지만 '같은 것'을 다른 식으로 말한다. 명제는 말하는 방식을 기준으로 삼아서 따져야 할까, 아니면 말해지는 대상을 기준으로 삼아서 따져야 할까? 이 문제를 해결하기 위한 간단하고 이론적으로도 설득력이 있는 방법은 이 문장들 중에서 어떤 것은 믿으면서 어떤 것은 안 믿을 수 있는지 생각해 보는 것이다. 그럴 수 있다면 이것들은 같은 명제가 아니다. 명제가 믿음을 평가하는 이론적 존재로 남아 주기를 바란다면 우리는 이 실험이 실패하지 않기를 바랄 것이다. 그렇지만 만약 톰이 외국인이거나 아예 말을 못한다면 어떻게 이런 실험을 할 수 있을까? 우리는 적어도 누군가의 마음에 무엇인가를 덧붙이면서 이것을 말로 나타낼 때에는 표현 체계, 곧 언어의 제약을 받을 수밖에 없다. 언어에 따라 용어도 다르고 언어 구조도 다르다. 불가피하게 이런저런 언어의 구조 안에 갇혀 사는 우리는 상황이 보장하는 수준 이상으로 미세한 분별을 마구잡이로 해댄다. 유기체의 내면을 대충만 짐작해도 지향적 자세는 잘 돌아간다고 내가 앞에서 말한 것은 이 점을 우려했기 때문이었다.

철학자 폴 처칠랜드(Paul Churchland)는 명제만큼이나 추상적이면서 수많은 물리적 특성을 재는 데 쓰는 숫자에다 명제를 비유했다.

    x는 무게가 144그램이다.
    y는 빠르기가 초속 12미터다.

분명히 수는 이런 역할을 탈 없이 수행한다. 수를 가지고 우리는 '등가 치환'을 할 수 있다. "x는 무게가 2×72그램이다."라거나 "y는 빠르기가 초속 9+3미터다."라고 말해도 뜻은 똑같다. 그러나 조금 전에 보았듯이 이 변형과 등치의 원리를 동일한 명제로 추정되는 다양한 표현들에 적용하는 것은 무리다. 애석하게도 명제는 수처럼 얌전하고 고분고분하지 않다. 명제는 수보다는 화폐에 가깝다.

    이 염소는 값이 50달러다.

그리스의 드라크마화, 러시아의 루블화로 환산한 염소의 가격은 얼마나 될까?(그것도 요일별로 달라질 것이다!) 그 값은 고대 아테네에서 거래되던 가격 또는 마르코 폴로 원정대가 물자를 조달하던 당시의 가격과 비교했을 때 올라간 가격인가 내려간 가격인가? 염소는 주인에게 항상 일정한 값어치를 지니고 있었다는 사실, 돈이나 사금, 빵 같은 것과 바꿈으로써(혹은 바꾼다고 가정함으로써) 그 염소의 값어치를 대충 매길 수 있다는 사실은 누구도 부인하지 못한다. 그러나 경제적 가치를 재는 중립적이고 영구불변한 고정 체계는 존재하지 않는다. 마찬가지로 명제의 의미를 재는 중립적이고 영구불변한 고정 체계 역시 존재하지 않는다. 그런 체계가 있다면 얼마나 좋을까. 세상은 더 깔끔해지고 이론가의 일도 단순해질 것이다. 그렇지만 이렇게 단 하나의 잣대로 굴러가는 보편 평가 체계는 경제학 이론에도 불필요하고 지향계 이론에도 불필요하다. 모든 시대, 모든 상황의 경제적 가치를 평가하다 보면 불가피하게 부정확해질 수밖에 없지만 그런다고 해서 탄탄한 경제 이론이 흔들리지는 않는다. 마찬가지로 광범위한 영역에 걸쳐서 의미를 평가하다 보면 어쩔 수 없이 부정확해지기 마련이지만 그런다고 해서 탄탄한 지향계 이론이 흔들리지는 않는다. 어려움에만 유념하면 아무리 거친 체계를 대상으로 삼아도 지엽적 문제는 모두 만족스럽게 해결할 수 있다.

이어지는 장에서는 '온갖 것을 믿는' 사람의 능력을 '하등' 유기체에 적용하면 조직화된 데이터를 무난히 얻을 수 있다는 사실을 알게 될 것이다. 그런 능력은 다음에 어디에 주목해야 할지를 알려 주고 한계 조건을 설정하며 유사점과 차이점의 양상을 부각시킨다. 그러나 만일 주의를 기울이지 않는다면, 이미 살펴보았듯이 그것은 우리의 시야를 크게 왜곡할 수도 있다. 유기체나 그 유기체의 수많은 하위계가 누구도 부인하지 못할 섬세한 목표를 거칠게 '아무런 생각 없이' 추구하고 있다고 보는 입장과 유기체의 모든 행위에 반성적 이해력을 귀속시키는 입장은 본질적으로 다르다. 인간의 반성적 사고력은 아주 최근에 등장한 진화적 혁신이다.

최초의 자기 복제 거대 분자에게도 행위의 이유는 있었지만 분자는 그 이유는 알지 못했다. 반면에 인간은 자기 행위의 이유를 알 뿐 아니라, 안다고 생각하며, 그 이유를 명시하고 논의하고 비판하고 공유한다. 그것은 단순히 우리가 행위하는 이유가 아니라 '우리를 위한' 이유다. 거대 분자와 인간 사이에는 수없이 많은 이야기가 가로놓여 있다. 아둔한 양부모의 보살핌을 받으며 낯선 둥지에서 알을 깨고 나온 새끼 뻐꾸기를 보자. 알에서 나온 새끼 뻐꾸기가 맨 처음 하는 일은 다른 알들을 둥지에서 몰아내는 것이다. 새끼 뻐꾸기가 어떤 난관에도 굴하지 않고 집요하게 다른 알들을 밖으로 내모는 모습을 지켜보고 있노라면 절로 입이 벌어진다. 뻐꾸기는 왜 그런 짓을 할까? 다른 알 속에 양부모의 관심을 차지할 가능성이 있는 경쟁자가 들어 있기 때문이다. 경쟁자를 제거하면 먹이와 보살핌을 받을 수 있는 가능성이 크게 늘어난다. 갓 태어난 뻐꾸기는 물론 그런 사실을 까맣게 모른다. 새끼 뻐꾸기는 그런 무자비한 행동의 이면에 깔린 배경을 전혀 모르지만 거기에는 깊은 사연이 있으며 영겁의 세월 속에서 그런 사연이 이런 본능적 행동을 낳았으리라는 사실은 분명하다. 우리는 그 사연을 알지만 뻐꾸기는 모른다. 나는 그런 사연이 "자유롭게 떠다닌다."라고 표현하고 싶다. 그 사연은 장구한 진화의 도정에서 문제의 행동을 틀 지우고 가다듬는 데(예를 들어 행동에 필요한 정보를 제공함으로써) 기여했지만 새끼 뻐꾸기의 그 어디에도 '나타나' 있지 않다. 여기에 관련된 전략적 원칙은 명시적으로 표현되지 않았으며 설계된 특성들의 더 큰 구조 안에 잠재해 있을 뿐이다. 그런 사연들이 진화의 길을 걸어온 마음 안으로 어떻게 빨려 들어가 제 목소리를 내게 되었을까? 이것은 좋은 질문이다. 이어지는 장에서 우리는 이 문제를 자세히 다룰 것이다. 그러나 그 전에 먼저 일부 철학자들이 제기한 의혹을 거론하고 넘어가야 할 것 같다. 그들은 내가 일을 거꾸로 벌이고 있다고 비난했다. 가짜 지향성으로 진짜 지향성을 설명한다고 떠든다는 것이다! 그들은 또 내가 본래적 지향성과 파생적 지향성을 구분하는 막중한 작업을 소홀히 다루었다고 여기는 모양이다. 둘은 어떻게 다른가?

본래적 지향성과 파생적 지향성

존 설(John Searle)을 대표로 하는 일군의 철학자들에 따르면 지향성은 본래적(intrinsic)인 것과 파생적(derived)인 것 두 가지로 나뉜다. 본래적 지향성은 우리가 지닌 생각, 믿음, 욕망, 의도의 겨냥이다. 이것은 말, 문장, 책, 지도, 그림, 컴퓨터 프로그램 같은 인공물처럼 어디까지나 한계가 있고 파생적 성격을 가진 겨냥의 명백한 원천이다. 인공물이 지향성을 가진다면 그것은 우리 마음이 베푼 보시 덕분이다. 인공 표상물의 파생적 지향성은 그 창조의 밑바닥에 깔린 참다운 본래적 지향성 위에 얹혀 있다.

이런 주장을 뒷받침하는 예는 많다. 눈을 감고 런던에 대해서, 또는 어머니에 대해서 생각해 보라. 이때 여러분의 생각은 대상의 성격과는 관계없이 가장 원초적이며 직접적인 방식으로 대상을 겨눈다. 이번에는 글로 런던을 묘사하거나 어머니의 모습을 그림에 담는다고 가정하자. 종이 위의 표상이 런던이나 어머니를 가리키는 유일한 이유는 여러분의 창작 의도가 그렇기 때문이다. 여러분은 자기가 만든 표상에 대해 책임을 지며 그 창작물이 무엇을 겨누는지를 결정하고 선언한다. 종이 위의 거친 자국에 의미를 집어넣을 때 여러분이 기댈 수 있는 언어의 관행이 존재한다. 내가 '런던'이라는 단어를 입으로 말하거나 글로 쓰더라도 사실은 보스턴을 가리킨다고 미리 밝히거나 이제부터 가수 마돈나를 '어머니'라고 부르겠다고 미리 귀띔한다면 모를까 여러분이 속한 언어 공동체에 의해 합의된 정상적 지시 관계는 효력을 발휘한다고 전제된다. 이 언어 관행은 다시 공동체의 공동 의도에 기댄다. 그러므로 외적 표상의 의미(내포와 외연)는 그 표상을 만들고 쓰는 사람들의 내적, 심리적 상태와 행위에서 나온다. 이런 심리 상태와 행위에 본래적 지향성이 있다.

    인공 표상이 의존적 지위를 갖는다는 주장을 부인하기는 어렵다. 연필 자국은 그 자체로는 아무것도 겨누지 않는다. 애매모호한 문장의 예에서 이 점이 명확히 드러난다. 철학자 윌러드 콰인(Willard v. O. Quine)은 훌륭한 예를 제시했다.

Our mothers bore us.

이 문장은 어떤 대상을 겨누는가? 이것은 따분함에 대한 현재형 불만(어머니는 우리를 따분하게 한다.)인가, 아니면 우리의 출생에 대한 뻔한 과거의 사실(어머니는 우리를 낳으셨다.)인가? 이것을 알려면 문장을 만든 사람에게 물어보아야 한다. 종이 위의 연필 자국을 백날 들여다보아야 답은 나오지 않는다. 무엇을 겨누든 이 문장에 본래적 지향성이 없다는 사실은 분명하다. 이 문장에 어떤 뜻이 있다면 그것은 이 문장을 쓴 사람의 마음에 뿌리를 둔 표상계에서 이 문장이 맡은 역할이 있기 때문이다.

그렇다면 그 마음의 상태와 행위는 도대체 어떤 것인가? 무엇이 거기에다 지향성을 부여하는가? 이런 질문에 흔히 주어지는 답은 그런 마음의 상태와 행위는 그 자체가 경이롭게도 일종의 언어, 곧 사고 언어(language of thought)로 이루어져 있으므로 의미를 지닌다는 것이다. 사고 언어를 마음 언어라고 불러도 좋다. 그러나 이것은 어설픈 답변이다. 이것이 어설픈 까닭은 사람 뇌의 내부 작동 기제에서 그런 시스템을 찾지 못했기 때문은 아니다. 실제로 그런 시스템은 있을 수 있다. 물론 그 시스템은 영어나 프랑스 어 같은 일상 자연어와는 다른 것이다. 이것이 우리가 제기한 물음에 대한 답으로서 어설픈 까닭은 단순히 답하는 것을 미루는 데 불과하기 때문이다. 사고 언어가 있다고 가정하자. 그 사고 언어에서 통용되는 용어의 의미는 어디서 오는가? 여러분의 사고 언어에 들어 있는 문장의 뜻을 여러분은 어떻게 아는가? 사고 언어 가설을, 이보다 먼저 나왔으며 경쟁자라 할 수 있는 관념 그림 이론(picture theory of ideas)과 비교할 경우 문제점은 더욱 뚜렷해진다. 관념 그림 이론에 따르면 우리의 생각은 그림과 비슷하다. 생각이 대상을 제대로 겨눌 수 있는 것은 그림처럼 대상을 닮았기 때문이다. 나는 오리의 관념과 소의 관념을 어떻게 구별할까? 오리의 관념은 오리처럼 보이지만 소의 관념은 오리처럼 보이지 않다! 이것 역시 신통치 않은 답변이다. 그렇다면 오리처럼 보이는 게 어떤 것인지 어떻게 아느냐는 질문이 당장 뒤따르기 때문이다. 답변으로서 신통치 않은 까닭이 뇌 안에 뇌의 내부상과 그 상이 나타내는 대상의 조형적 유사성을 활용하는 심상 체계가 있을 수 없기 때문은 아니다.

그런 심상 체계는 있을 수 있고 또 실제로 있다. 우리는 그 체계가 어떻게 작동하는지를 조금씩 이해하는 단계로 접어들었다. 그렇지만 그것이 우리가 제기한 근본적 질문에 대한 답변으로서 신통치 않은 까닭은 자신이 설명해야 하는 바로 그 문제의 이해력에 의존하기 때문이다. 결국은 순환 논법에 빠지는 것이다.

지향성과 관계된 이런 문제의 해결책이 무엇인지는 자명하다. 방금 우리는 인공 표상물(문장이나 그림)은 그것을 만든 사람의 활동 안에서 그것이 맡는 역할 덕분에 파생적 지향성을 갖는다는 데 합의했다. 종이쪽지에 적혀 있는 쇼핑 목록은 그것을 쓴 사람의 의도에서 파생적 지향성을 얻을 뿐이다. 동일한 사람의 기억에 담긴 쇼핑 목록이라 하더라도 사정은 같다! 이 경우의 지향성은 종이에 적힌 목록의 지향성과 같은 이유에서 똑같이 파생적이다. 마찬가지로 어머니(혹은 마돈나)에 대한 마음의 상은 여러분이 그리는 그림과 똑같이 파생적 방식으로 대상을 겨눈다. 그것은 밖이 아니라 안에 있지만 그럼에도 불구하고 여러분의 뇌가 만들어 낸 인공물이며 그것의 의미는 뇌의 내부 활동이 지속적으로 추구하는 경제성 안에서 그것이 차지하는 특별한 위치와, 뇌의 내부 활동이 주변 현실 세계에서 이루어지는 신체의 복잡한 활동을 다스리면서 맡는 역할에서 비롯된다.

그렇다면 여러분의 뇌는 어떻게 해서 그런 놀라운 힘을 지닌, 그런 놀라운 상태로 조직화되었는가? 앞에서와 똑같은 설명이 가능하다. 뇌 또한 인공물이며 뇌의 지향성은 뇌가 속한 더 큰 체계에서 지속적으로 추구되는 경제성 안에서 뇌가 맡는 역할, 달리 표현하면 뇌를 창조한 대자연의 의도(자연선택에 의한 진화 과정이라 해도 좋다.)로부터 나온 것이다.

뇌의 상태에 깃든 지향성이 그 상태를 설계한 체계나 과정의 지향성에서 비롯되었다는 생각은 솔직히 처음에는 낯설고 미심쩍어 보인다. 따라서 그런 가설이 명백한 타당성을 갖는 상황을 검토하여 거기에 담긴 함의를 알아보는 것이 좋겠다. 사람이 만든 어떤 로봇의 '뇌' 상태에 깃든 (파생적) 지향성을 알아보자는 것이다. 슈퍼마켓에서 수레를 밀고 오는 로봇과 마주쳤다고 하자. 로봇이 가진 쪽지의 첫줄에는 이런 내용이 적혀 있다.

MILK「5 AL if P <2 T＼Pelse 2 ILK「QT

도대체 이것은 무엇을 겨냥한 횡설수설이란 말인가? 로봇에게 문자 이렇게 대답한다.

"우유 반 갤런의 가격이 1쿼트(4분의 1갤런) 가격의 두 배보다 작은 경우에만 우유 반 갤런을 사 가지고 와야 한다는 사실을 나에게 일깨우는 쪽지다. 나는 쿼트 단위가 들고 가기 편하다." 로봇이 내뱉은 이 인공 음향은 따지고 보면 인공 문자를 인간의 언어로 옮겨 놓은 데 불과하지만 우리에게 도움이 되는 파생적 의미를 드러낸다. 그렇다면 인공 음향과 인공 문자는 파생적 의미를 어디서 얻을까? 로봇을 만든 사람들의 탁월한 설계 작업에서 아주 간접적일지언정 그런 파생적 의미가 나왔다는 점은 분명하다. 어쩌면 로봇 공학자들은 비용 절감 원칙을 세운 뒤 아무 생각 없이 기계에 집어넣었고 기계에 내장된 프로그램이 우유를 이렇게 사오라고 지시했는지도 모른다. 그렇지만 이 상태의 파생적 지향성은 그런 상태를 창조한 공학자의 지향성과 분명히 이어진다. 로봇 공학자들이 더 심도 있는 연구를 한다면 참으로 흥미진진한 현상이 벌어질 것이다. 현재의 기술력으로는 아직 벅차지만, 먼 훗날 공학자들이 비용에 상당히 민감한 반응을 보이고 비용 절감 원칙을 받아들여야 한다는 사실을 스스로의 '경험'으로 '이해'하는 로봇을 설계한다고 치자. 이 경우 앞서 예로 든 원칙은 하드웨어에 붙박여 있지 않으며 유연하다. 얼마 안 가서 로봇은 이 원칙이 비용 절감 면에서 전혀 효과를 거두지 못했다는 사실을 계속된 '경험'에서 깨닫고 그 다음부터는 가격이 얼마이든 우유를 편하게 쿼트 단위로 사들일지도 모른다. 그렇다면 로봇 공학자는 얼마만큼 설계 작업을 했고 얼마만큼 로봇에게 위임한 것일까? 제어 시스템이 더욱 복잡해지고 아울러 정보 수집과 정보 평가 임무를 맡은 하위계가 더욱 정교해질수록 로봇 자신의 기여도는 높아지게 마련이다. 따라서 로봇이 자신을 다루는 '창안자'로서 전면에 나설 가능성 또한 높아진다. 오랜 세월이 흐르면 로봇이 다루는 의미는 로봇을 설계한 사람에게도 불가해한 내용으로 다가올 것이다.

이런 가상의 로봇은 아직 없지만 언젠가는 우리 앞에 나타날 것이다. 내가 로봇을 끌어들인 이유는 파생되어 나온 지향성의 세계라는 울타리 안에서도 애당초 본래적 지향성과 파생적 지향성의 대비를 낳았던 것과 동일한 구분을 이끌어 낼 수 있다는 사실을 보여 주기 위해서였다(인공물이 다루는 의미를 알아내기 위해 우리는 부득이 창안자에게 문의하지 않을 수 없었다.). 여기에 담긴 뜻은 한두 가지가 아니다. 이것은 파생적 지향성에서 새로운 파생적 지향성을 이끌어 낼 수 있음을 뜻한다. 또 본래적 지향성이라는 환상(형이상학적 의미의 본래적 지향성)이 어떻게 생겨나는지를 보여 준다. 어떤 인공물의 창안자는 그 아리송한 인공물에 담긴 파생적 지향성의 근원이므로 당연히 본래적 지향성을 가지고 있을 것으로 생각할지 모르지만 사실은 그렇지 않다. 적어도 이 경우에는 본래적 지향성이 들어설 만한 여지가 별로 없다. 이 가상의 로봇은 앞으로 다른 인공물에게 파생적 지향성을 심어 주는 능력을 가지게 될 것이고, 그 능력은 우리에게 조금도 뒤지지 않을 것이다. 가상의 로봇은 '한낱' 파생된 지향성, 밖에서 주입된 지향성을 밑천으로 삼아 세상을 누비고 다니면서 자신의 과업을 처리하고 위험을 피해 나갈 것이다. 처음에는 공학자가 넣어 준 내용이 로봇이 가진 지향성의 주류를 이루겠지만 세상에 대한 정보가 하나둘 쌓이면서 로봇은 지향성의 내용을 스스로 바꿔 나갈 것이다. 어쩌면 인간도 로봇처럼 '한낱' 파생된 지향성을 등불로 삼아 삶을 꾸려 나가는 존재일지도 모른다. 우리를 자연이 진화를 통해 설계한 인공물이라고 치면 본래적 지향성이 무엇인지는 몰라도 아무튼 이것은 우리가 진화의 유산으로 물려받지 못한 그 어떤 혜택을 우리에게 줄 수는 없을 것이다. 어쩌면 우리는 허깨비를 좇고 있는지도 모른다.

　이런 전망이 우리 앞에 열린 것은 다행스러운 일이다. 우리는 지향성 덕분에 말을 하고 글을 쓰고 세상의 온갖 경이에 놀라움을 느끼지만 이런 지향성은 진화의 길에서 뒤늦게 나타난 아주 복잡한 현상이다. 우리가 가진 지향성의 조상은 더 투박한 종류의 지향성들(설을 비롯한 일부 철학자들이 '어설픈 지향성'으로 깎아내리는 것들)이었고 그것들은 지금도 우리의 지향성을 이루는 요소들이다. 우리는 로봇의 후예이며 로봇으로 이루어져 있다. 우리가 누리는 모든 지향성은 실은 이 수십억에 달하는 투박한 지향계에 깃든 기초적 지향성에서 비롯되었다. 나는 일을 거꾸로 하는 것이 아니라 똑바로 하고 있다. 이것은 우리가 여행을 떠날 수 있는 유일한 길이다. 이제부터 그 여행을 떠나 보자.

3
몸과 그 마음

나는 먼 훗날 훨씬 중요한 연구 영역이 꽃을 피우리라 본다. 심리학은 하나하나의 정신 능력과 역량이 필연적으로 서서히 생겼다는 새로운 생각의 토대 위에 들어설 것이다. 인간과 역사의 기원이 빛을 볼 것이다.

―찰스 다윈(Charles Darwin)
『종의 기원(*The Origin of Species*)』

감응력에서 감지력으로?

드디어 여행을 떠날 시간이 왔다. 대자연 또는 요즘 식으로 말하자면 자연선택에 의한 진화는 앞을 내다보지 못한다. 그러나 대자연은 앞을 내다볼 줄 아는 존재를 조금씩 만들었다. 마음이 하는 일은 미래를 만드는 것이라고 시인 폴 발레리(Paul Valéry)가 말한 적이 있다. 마음은 기본적으로 예견자요 기대의 생산자다. 마음은 현재라는 탄광에서 실마리를 캔 다음 과거에서 모아둔 자원을 가지고 정련하여 미래에 대한 예상으로 탈바꿈시킨다. 그러고 나서 어렵게 얻어낸 이 예상을 바탕으로 합리적으로 행동한다.

자원을 차지하려는 경쟁이 생명체 사이에서 벌어지는 냉엄한 현실에서 유기체는 결국 아이들이 하는 숨바꼭질 비슷한 것을 할 수밖에 없다. 나한테 필요한 것은 악착같이 찾고 남이 나한테서 찾는 것은 악착같이 숨긴다. 맨 먼저 나타난 복제자, 곧 거대 분자에게도 필요한 것은 있었고 거대 분자는 그것을 얻기 위해 비교적 간단한(!) 수법을 발전시켰다. 거대 분자는 적절하게 생긴 손아귀를 작업 부위에 달고 그저 발길 닿는 대로 돌아다니면서 자원을 찾았다. 알맞은 대상을 만나면 손아귀가 움켜잡았다. 이 탐색 분자는 아무런 계획도 아무런 '탐색상(探索像)'도 없었다. 손아귀의 모양만 있었을 뿐이지 자기가 찾는 대상에 대한 어떤 표상도 없었다. 그것은 영락없는 열쇠와 자물쇠였다. 거대 분자는 자기가 무엇인가를 찾는다는 사실도 몰랐고 또 알 필요도 없었다.

'알 필요'의 원칙은 현실의, 또는 허구의 첩보 세계에 적용하면 그 역할이 뚜렷해진다. 첩보 세계에서 '알 필요'의 원칙은 어떤 첩보원에게도 그가 맡은 작전을 수행하기 위해 꼭 알아야 하는 것 이상의 정보는 주지 않는다는 원칙으로 구체화된다. 이것과 아주 비슷한 원칙이 모든 생명체의 얼개에서 수십억 년 동안 중시되어 왔으며 지금도 엄청나게 다양한 영역에서 중시된다. 한 생명체를 떠받치는 행위자(혹은 극소 행위자 혹은 유사 행위자)들에게는 CIA나 KGB의 요원처럼 제한된 전문 과제를 수행하는 데 필요한 정보만 하달된다. 첩보 세계의 생명이 보안이라면 자연계의 생명은 경제성이다. 비용이 가장 적게 들고 에너지가 가장 적게 투입되는 시스템이 대자연에 의해 '발견'되면 그것은 불원간 선택된다.

여기서 우리가 명심해야 할 점은 가장 경제적인 구조가 반드시 가장 효율적이지도, 가장 작지도 않을 수 있다는 것이다. 대자연의 입장에서는 이렇다 할 기능이 없는 수많은 요소를 끌어안는(또는 내버려두는) 것이 더 경제적일 때가 많다. 그런 요소들은 복제와 발전의 과정에서 생겨난 것이라 없애는 데 막대한 비용이 든다는 간단한 이유 때문이다. 돌연변이는 어떤 유전자를 누락시키지 않고 그저 '꺼 버리는' 암호를 삽입한다는 사실이 이미 밝혀졌다.

유전자의 세계에서는 이것이 훨씬 경제적이다. 사람이 만든 세계인 컴퓨터 프로그래밍 분야에서도 비슷한 현상을 자주 볼 수 있다. 프로그래머는 어떤 프로그램을 개선할 때(가령 워드프로세스를 새로운 버전으로 바꿀 때) 보통 기존의 코드를 복사한 다음 이 복사본을 편집하거나 수정하는 방식으로 새로운 소스 코드를 낡은 코드 바로 옆에 만들어 놓는다. 그리고 새로운 코드를 가동하거나 번역하기 전에 낡은 코드를 '괄호 처리'한다. 소스 코드 파일에서 낡은 코드를 지우는 것이 아니라 프로그램을 번역하거나 실행할 때 컴퓨터가 괄호 처리된 부분을 건너뛰게 만드는 것이다. 낡은 명령은 '유전체(유기체가 가진 모든 염색체의 한 조)' 안에 남아 있지만 결코 '표현형'으로 드러나지 않는다. 낡은 암호를 유지하는 데에는 거의 비용이 안 들뿐더러 언젠가 낡은 암호가 제 구실을 톡톡히 할 날이 오리라는 가능성도 배제할 수 없다. "구관이 명관"이라는 말이 있듯이 새 것만이 능사는 아니다. 낡은 암호의 남아도는 복사본이 돌연변이를 거쳐 언젠가 유익하게 쓰일 수도 있다. 어렵게 만들어진 얼개를 함부로 버려서는 안 된다. 백지 상태에서 다시 만드는 것은 여간 어렵지 않다. 우리 앞에 조금씩 전모를 드러내는 진화는 이런 전략을 십분 활용하여 이전의 얼개가 남긴 찌꺼기를 두고두고 재활용한다(나는 『다윈의 위험한 생각(*Darwin's Dangerous Idea*)』에서 이런 식으로 얼개를 쌓아 가는 근검절약의 원리를 자세히 분석했다.).

거대 분자는 굳이 알 필요가 없었다. 나중에 구조가 훨씬 복잡해졌을 때에도 자기가 무슨 일을 하는지 또 자기가 하는 일이 왜 생존의 원동력이 되는지도 알 필요가 없었다. 수십억 년 동안 이유는 늘 있었지만 이유를 세우는 존재, 이유를 떠올리는 존재, 심지어는 엄격한 의미에서 이유를 헤아리는 존재도 없었다(대자연, 곧 자연 선택의 과정은 최고의 얼개가 번성할 수 있도록 말없이 허용함으로써 어떤 것이 좋은 이유들인지 암묵적으로 보여 준다.). 뒤늦게 출현한 이론가들은 이런 이유들, 억겁의 세월을 거친 얼개 안에 깃든 '떠다니는' 사연들을 처음으로 알아차리고 그 양식을 헤아렸다.

우리는 지향적 자세를 가지고 이런 양식을 묘사한다. 유기체 안의 가장 단순한 설계 특성, 심지어는 점멸 스위치보다도 간단한 항구적 특성도 지향적 자세로 정교하게 설명할 수 있다. 가령 이론가가 제아무리 상상의 날개를 펴도 그의 눈에 식물은 마음이 없는 것으로 보인다. 그렇지만 진화의 장구한 역사에서 식물의 이런저런 특성은 경쟁을 통해 조금씩 틀을 세웠고 우리는 그 과정을 수학에서 말하는 게임 이론으로 풀이할 수 있다. 식물과 식물의 경쟁자는 마치 사람처럼 주체적 행동을 하는 듯하다! 초식 동물에게 유린당한 진화의 역사를 가진 식물은 보복 수단으로 그 초식 동물을 겨눈 독성을 키울 때가 많다. 여기에 맞서 초식 동물은 소화기에서 이 독성에 대한 내성(耐性)을 키우고 다시 식물을 먹는다. 첫 시도는 실패로 돌아갔지만 식물이 더 강한 독성이나 날카로운 바늘로 무장하는 날이 불원간 온다. 대응과 맞대응은 군비 확장 경쟁처럼 나날이 가속화된다. 언젠가 초식 동물은 응수보다는 변별하는 길을 '선택'하여 다른 먹이로 관심을 돌릴지도 모른다. 그러면 다른 비독성 식물도 초식 동물의 변별 체계(시각이나 후각을 통한 변별 체계)에 있는 허점에 편승하여 독성 식물을 '흉내' 내는 방식으로 진화한다. 다른 식물 종의 독성 방어 체계에 무임승차하는 셈이다. 이처럼 자유롭게 떠다니는 전략은 명료하기 때문에 예측할 수 있다. 식물도 초식 동물의 소화기도 우리가 말하는 마음이 없는데도 말이다.

    이 모든 것이 우리 눈으로 보자면 속이 터질 만큼 느리게 이루어진다. 이런 숨바꼭질 놀이에서 하나의 수가 나오고 다시 대응수가 나오는 데에는 수천 년의 세월, 수천 세대가 걸릴 수 있다(물론 그 속도가 엄청나게 빠를 때도 있다.). 진화적 변이의 양상은 너무나 느리게 진행되어서 사람의 정상적인 정보 파악 속도로는 잘 볼 수가 없다. 그래서 거기에 스며 있는 지향적 해석을 간과하고 일시적 변덕이나 비유로 일축하기 쉽다. 우리가 정상 속도에 빠져 있을 때 나오는 이런 편견은 말하자면 시간틀의 쇼비니즘인 셈이다. 여러분이 아는 가장 영민하고 날쌘 재담가를 예로 들자. 이 사람의 동작을 아주 느린 슬로 모션으로 찍는다고 하자. 이를테면 초당 3만 프레임의 필름을 써서 찍은 화면을 초당 30프레임의 정상 속도로 화면에 비춘다고 하자. 번개처럼 튀어나오는 재기발랄한 응수, 숨 돌릴 틈도 없이 터져 나오는 익살이 마치 빙하의 흐름처럼 굼뜨게 들려 아무리 인내심이 강한 관객이라도 지루함을 느낄 것이다. 정상 속도라면 누구나 알아차렸을 재담가의 영민함을 그렇게 느린 속도에서는 누가 알아주겠는가? 그런가 하면 저속 촬영의 예에서 극명하게 드러나지만 속도를 그 반대로, 다시 말해서 고속으로 촬영하여 보면 시간 척도의 차이가 빚어내는 오묘함에 매료된다. 식물이 자라서 싹을 틔우고 꽃을 피우는 모습을 몇 초 안에 모두 지켜보노라면 지향적 자세에 나도 모르게 빠져든다. 식물이 위로 쭉쭉 뻗고 햇볕이 더 잘 드는 유리한 위치를 차지하려고 이웃과 경쟁을 벌이고 빛이 오는 방향으로 잎을 보란 듯이 내뻗으며 권투 선수처럼 고개를 숙이고 허리를 움직이면서 상대의 역공을 슬쩍 피하는 모습을 보라! 같은 모습이라도 어떤 빠르기로 보느냐에 따라 마음의 존재는 드러나기도 하고 가려지기도 한다(공간이라는 척도가 드러내는 편견도 만만치 않다. 모기가 갈매기만큼 크다면 모기에게 마음이 있다고 확신하는 사람의 수가 늘어날 것이며 수달의 익살스러운 몸짓을 현미경을 통해서 봐야 한다면 우리는 수달이 장난을 좋아한다는 생각을 지금보다는 덜 하게 될 것이다.).

대상의 마음을 읽으려면 그 대상이 알맞은 빠르기로 보여져야 한다. 일단 대상에서 마음을 읽어 내면 그러한 지각은 우리를 압도한다. 이 지각은 관찰자인 우리가 편견을 가졌다는 사실을 드러낼까, 아니면 마음이 있다는 사실을 드러낼까? 마음이라는 현상에서 속도는 실제로 어떤 역할을 할까? 사람의 마음보다 훨씬 느리게 움직이지만 어떤 마음 못지않게 현실감을 주는 그런 마음이 있을 수 있을까? 그럴 수 있다고 보는 쪽의 논리는 이렇다. 만일 우리와 비슷하게 생각하지만 생각하는 속도가 우리보다 몇천 배에서 몇백만 배 빠른 화성인이 지구를 방문한다면 화성인에게 우리는 나무처럼 아둔해 보일 것이며 우리에게 마음이 있다는 가설에 화성인은 코웃음을 칠 것이다. 화성인이 코웃음을 친다면 그것은 화성인의 실수다. 그렇지 않은가? 화성인은 자기가 가진 시간들의 좁은 울타리에 갇힌 희생자다. 따라서 엄청나게 느리게 사고하는 마음도 있을 수 있다는 사실을 부정하려면 우리는 인간의 사고 속도에 대해 우리가 가진 편애와는 종류가 다른 근거를 찾아내야만 한다. 어떤 근거가 있을까? 중력을 이겨내고 지구에서 벗어나는 데 필요한 탈출 속도가 있듯이 어쩌면 마음에도 최저로 요구되는 속도가 있을지 모른다. 이런 생각이 우리의 전폭적 지지는 아니더라도 일말의 관심이라도 끌려면 왜 그래야 하는지 그 이유를 설명할 수 있어야 한다. 어떤 계를 조금씩 가속시켜 궁극적으로는 '마음의 장벽을 허물고' 이제까지 없었던 마음을 탄생시킨다는 것이 과연 어떻게 가능할까? 부분과 부분이 움직여 마찰열을 낳고 그 마찰열이 어느 온도 이상으로 올라가면 화학적 수준에서 어떤 변화가 생기는 것일까? 왜 여기서 마음이 생길까? 입자 가속기 안의 입자처럼 광속에 접근하면 어마어마한 질량이 생기는 것일까? 왜 여기서 마음이 생길까? 뇌를 구성하는 물질들의 빠른 회전이 어떤 식으로든 봉쇄 용기를 만들어 마음의 입자들이 그 안에 차곡차곡 쌓이다가 결정적 고비에 이르면 마음으로 응집되어 빠져 나가지 못하게 하는 것일까? 이런 식의 설명을 제시하고 방어하지 못하는 한 마음에서 중요한 것은 순전히 속도라는 생각은 설득력이 없다. 중요한 것은 상대적 속도라는 주장도 얼마든지 옳기 때문이다. 주변의 환경에 비해 충분히 빠른 지각, 숙고, 행동은 마음의 목적을 달성한다고 말할 수도 있기 때문이다. 지향계의 '예측'이 너무 뒤늦게 등장하는 바람에 행동으로 이어지지 못한다면 미래를 헤아려 보았자 아무런 뜻이 없다. 진화는 같은 값이면 굼뜬 것보다 날랜 것을 좋아하며 마감 시한을 못 지키는 존재는 떨어낸다.

그런데 빛의 속도가 시속 100킬로미터이고 다른 물리적 사건과 과정도 모두 거기에 맞추어 느리게 굴러가는 행성이 있다면 어떻게 될까? 물리 세계에서 사건의 진행 속도는 (철학자의 머리 안에서 이루어지는 사고 실험이라면 모를까) 천문학적으로 빨라지거나 느려질 수는 없으므로 여기서 절대 속도라는 요건뿐 아니라 상대 속도라는 요건도 실효성을 잃지 않는다. 던진 돌이 표적을 향해 접근하는 속도, 다가오는 돌에서 빛이 반사되어 나오는 속도, 음향 경고 신호가 대기를 통해 전달되는 속도, 좌우로 날쌔게 피하기 위해 100킬로그램의 몸무게를 시속 20킬로미터의 속도로 움직이는 데 필요한 힘, 그밖의 확실하게 정해진 수많은 요건을 모두 감안하면, 절대 속도의 중요성을 강조하는 쪽에서 일정한 속도가 되어야 나타난다고 주장하는 '창발적 속성'이 있든 없든, 제 구실을 하는 뇌라면 일정한 수준 이상의 빠르기로 움직여야 한다. 이 조건을 충족시키려면 뇌는 일정한 속도 이상을 낼 수 있는 정보 전달 매질에 기대야 한다. 마음을 이루는 재료는 그래서 중요하다. 그러나 마음의 재료가 중요한 것은 속도 때문만은 아니다.

사건이 더 느릿느릿 펼쳐져도 다른 매질에서는 마음과 비슷한 것이 나타날 수 있다. 그 양상은 우리가 지향적 자세를 잡을 때에만 파악된다. 아주 긴 시간을 놓고 보면 동식물의 종이나 계통은 달라지는 조건을 알아차리고 스스로 파악한 변화에 합리적으로 반응한다. 지향적 자세로 예언과 설명의 실마리를 찾아내려면 이런 전제만으로도 충분하다. 아주 짧은 시간을 놓고 보아도 개별 식물은 햇볕을 쬐기 위해 잎과 가지를 새로 뻗는다든지 수분을 얻기 위해 뿌리를 깊게 내린다든지 (일부 종에서는) 심지어 초식 동물의 공격을 알아차리고 먹힐 수 있는 부분의 화학 성분을 잠시 바꾸는 방법으로 주변 환경에서 파악한 변화에 적절히 대응한다.

자동 온도 조절 장치나 컴퓨터에서 볼 수 있는 이런 감응력(sensitivity)은 정말로 중요한 현상, 곧 감지력(sentience)의 아류에 불과한 것처럼 보일지도 모른다. 우리는 마음의 후보군에 감지력이 있는지를 따져 '단순한 지향계'와 '진정한 마음'을 구분할 수 있을지 모른다. 그렇다면 감지력이란 무엇일까? '감지력'은 제대로 정의된 적이 한 번도 없지만 대체로 가장 낮은 단계의 의식이라고 추정되는 것을 가리키는 말로 흔히 쓴다. 여기서 우리는 감지력을 단세포 유기체, 식물, 자동차의 연료계, 카메라의 필름이 가진 단순한 감응력과 대비시키는 전략을 쓰고 싶은 유혹에 빠진다. 감응력은 의식의 개입을 조금도 필요로 하지 않는다. 사진 필름은 다양한 감도로 광선에 반응한다. 자동 온도 조절 장치는 온도 변화에 민감한 물질로 되어 있다. 리트머스 종이는 산성의 유무에 민감하게 반응한다. 사람들의 통념에 따르면 식물이나 해파리, 해면 같은 '하등' 동물은 감지력이 없고 감응력만 있으며 '고등' 동물은 감지력이 있다. 인간 같은 고등 동물은 그저 다양한 감응 장치(이런저런 대상에 차별적으로 알맞게 반응하는 장치)를 부여받은 데 불과한 존재가 아니다. 고등 동물은 감지력이라는 한 단계 높은 특성을 가지고 있다고 사람들은 보통 생각한다. 이런 특성은 과연 무엇일까?

감응력 너머에 있는 감지력은 과연 무엇을 가리킬까? 이것은 거의 제기되지 않았고 제대로 답변된 적도 없는 물음이다. 좋은 답변이 있다고 속단해서는 안 된다. 혹은 이것이 좋은 질문이라고 속단해서도 안 된다. 감지력이라는 개념을 써먹고 싶다면 우리가 이해하는 요소들을 가지고 개념을 구축해야 한다. 감지력은 감응력에다 미지의 X라는 요소를 더한 것이라는 데 이의를 달 사람은 없으리라. 그러므로 감응력의 다채로운 양상과 감응력이 나타내는 역할을 면밀히 관찰하면서 결정적 부가 요소가 덧붙지 않았는지 예의 주시하면 그 과정에서 감지력의 정체를 알아낼 수 있을지도 모른다. 그때 우리는 마음의 탐구에 감지력이라는 요소를 덧붙일 수 있을 것이다. 아니면 정반대로 감지력이라는 특수한 범주가 아예 증발할 수도 있다. 어떤 식으로 결론이 나든 우리는 의식을 가진 인간을 우리의 조상이며 감응력만 있지 감지력은 없는 거대 분자와 구분하는 토대를 찾아낼 것이다. 감응력과 감지력의 결정적 차이를 찾아낼 가능성이 가장 높은 곳은 물질의 차원, 곧 정보를 실어 나르는 매질이다.

매질과 메시지

우리는 2장 첫머리에서 언급한 발전을 자세히 살펴보아야 한다. 초창기의 제어계는 제 몸의 보호자에 지나지 않았다. 식물은 살아 있었지만 뇌는 없었다. 그렇지만 살을 맞대고 있는 환경에서 이득을 보려면 자신의 몸을 온전히 유지하고 적당한 거점을 확보할 필요가 있었다. 그래서 식물은 핵심적 변수를 고려하여 거기에 알맞게 반응하는 자기 지배계 또는 제어계를 발전시켰다. 식물의 관심, 곧 초보 수준의 지향성은 내부 조건으로 쏠리든가 아니면 몸과 잔인한 외부 세계를 가르는 경계선의 조건으로 쏠렸다. 감시와 조절의 책임은 중앙으로 집중되지 않고 분산되었다. 조건 변화에 대한 국지적 파악은 국지적 반응을 낳았으며 이런 국지적 반응은 대체로 상호 독립성을 유지했다. 때로는 협동하는 데 문제도 있다. 한 극소 행위자(microagent) 집단이 다른 집단과 모순되는 행동을 할 수 있기 때문이다. 독립된 의사 결정을 내리는 것이 지혜롭지 않을 때도 있다. 배가 왼쪽으로 기운다고 해서 모두 오른쪽으로 몸을 기울이면 배는 오른쪽으로 뒤집힐 것이다. 그러나 식물의 이런 미세 전략은 고도로 분산된 '의사 결정'과 잘 어울린다. 식물의 몸 구석구석으로 퍼지는 체액을 통해 느리긴 해도 정보 교환이 그런 대로 이루어지기 때문이다.

그렇다면 식물은 우리의 편협한 시간틀이 무시했지만 사실은 감지력이 있는 '아주 느린 동물'인 것일까? '감지력'이라는 단어에 확정된 의미는 없으므로 우리는 얼마든지 우리가 선택한 의미를 덧붙여 이 말에 생기를 줄 수 있다. 환경에 대한 느리지만 믿을 만한 식물의 반응을 원한다면 '감지력'이라 부를 수 있다. 그러나 이것을 세균이라든가 단세포 생물(카메라의 노출계는 두말할 나위 없거니와)이 나타내는 단순한 감응력과 구별하려면 그 근거가 조금이라도 있어야 한다. 그렇지만 그런 근거로 쉽게 떠오르는 후보는 없다. 반면에 '감지력'이라는 용어를 좀 더 특수한 경우를 위해 아껴 두어야 할 근거는 충분하다. 동물도 식물처럼 느린 신체 유지계가 있지만 이것과 동물의 감지력은 보통 구별해서 말한다.

동물에게는 먼 옛날부터 느린 신체 유지계가 있었다. 가령 어떤 분자는 피 안에서 해로운 침입자와 일대일로 맞붙어 무찌르는 전사 노릇을 하면서 몸을 직접 돕는가 하면, 어떤 분자는 더 큰 행위자에게 자신을 알려 그로 하여금 심장의 박동을 높인다거나 토한다거나 아무튼 일을 시키는 전령 노릇을 한다. 이때 더 큰 행위자는 몸 전체가 될 수도 있다. 어떤 생물의 송과선(골윗샘 또는 송과체―옮긴이)은 일조량이 줄어들면 겨우살이 준비에 들어가라는 호르몬 메시지를 온몸으로 전달한다. 수많은 하위 작업으로 이루어진 이런 임무는 단 하나의 메시지에서 한꺼번에 시작된다. 이 유구한 역사를 가진 호르몬계는 우리가 감지력으로 받아들이기 쉬운 강력한 징후(욕지기, 현기증, 오한, 강한 욕정)와 함께 나타나기도 한다. 하지만 잠을 자거나 혼수 상태에 빠진 동물에서 보듯이 호르몬계는 감지 기제와는 별개로 활동한다. 뇌가 죽어 인공 호흡 장치에 의지하여 목숨을 이어 가는 사람을 '식물 인간'이라고 한다. 식물 인간은 신체 유지계만의 활동으로 목숨을 유지한다. 감지력은 잃었지만 이런저런 감응력은 살아남아 몸의 균형을 유지한다. 감지력과 감응력이라는 단어를 적어도 이렇게 구분해서 쓰고 싶어 하는 사람이 많다.

정보를 제어하는 생화학 단위로 이루어진 이 복잡한 체계는 동물의 경우 결국 다른 매질에서 굴러가는 더 빠른 체계로 보완되었다. 바로 신경 세포 안에서 일어나는 전기 신호의 흐름이었다. 덕분에 반응 속도가 빨라졌고 정보가 제어되는 방식도 달라졌다. 새로운 자율 신경계의 연결 구조는 기존의 체계와는 달랐기 때문이었다. 자율 신경계의 관심은 여전히 안으로 쏠려 있었다. 다시 말해서 가까운 시공간에 머물러 있었다. 몸은 지금 오한을 일으켜야 하나 아니면 땀을 흘려야 하나? 혈액 공급이 더 급박하니까 위의 소화 활동을 잠시 미루어야 하나? 슬슬 사정의 초읽기에 들어가야 하나? 새로운 매질과 낡은 매질의 연결 고리는 진화를 통해 발전하며 그 발전의 역사는 상상을 초월할 정도로 복잡한 지금의 신체 유지계에 흔적을 남겼다. 나도 그랬지만 마음을 연구하는 사람들은 이런 복잡한 현실을 무시하고 엉뚱한 길로 빠질 때가 많았다. 여기서 그 복잡한 현실을 잠시 짚고 넘어가자.

마음을 캐는 현대의 많은 이론이 공유하는 근본 가정의 하나로 기능주의(functionalism)라는 것이 있다. 기능주의는 일상 생활에서 우리가 익히 아는 개념이다. "모로 가도 서울만 가면 된다."라는 속담은 기능주의를 잘 나타낸다.

기능주의에서는 마음(믿음 또는 아픔 또는 두려움)의 본질은 마음을 이루는 구성 요소가 아니라 마음이 하는 일이라고 본다. 인공물을 대할 때 우리는 이러한 원칙을 크게 문제 삼지 않는다. 점화 플러그의 본질은 어떤 환경에 그것을 끼울 수 있고 '여차하면 불꽃을 낸다.'는 것이다. 오직 이것만이 중요하다. 점화 플러그의 빛깔, 재질, 구조는 얼마든지 다를 수 있고 기능의 세부 요건에 어긋나지 않는 한 모양도 얼마든지 바꿀 수 있다. 생명 세계에서도 기능주의는 폭넓게 수용된다. 심장은 피를 밀어내는 장기이므로 인공 심장이나 돼지의 심장도 같은 일을 할 수 있다. 그래서 사람의 심장을 이런 것으로 대체할 수 있다. 세균을 녹여 버리는 라이소자임 효소에 해당하는 화학 변종은 100가지가 넘는다. 이것이 모두 라이소자임이라는 이름으로 묶이는 것은 라이소자임과 똑같은 일을 하기 때문이다. 변종끼리는 거의 예외 없이 서로 맞바꿀 수 있다.

기능주의로 정의되는 대상은 다각 구현(multiple realizations)이 가능하다고 기능주의자들은 흔히 말한다. 아무 재료로든 인공 심장처럼 인공 마음을 만들지 못할 이유가 어디에 있느냐는 것이다. 마음이 무슨 일을 하는지 그 핵심만 파악하면 기준에 맞는 다양한 재료를 가지고 마음(또는 마음의 구성 요소)을 얼마든지 만들 수 있다는 것이다. 나도 그렇지만 대부분의 이론가는 마음이 하는 일이 정보 처리라고 생각하는 듯하다. 마음은 몸을 다스리는 제어계의 임무를 맡고 있으므로 이 제어 작업에 관한 정보를 수집하고 판별하고 저장하고 변형하고 처리해야 한다. 여기까지는 좋다. 기능주의가 원래 그렇지만 기능주의는 까다롭고 복잡한 작업의 특수성을 추상화하여 실제로 이루어지는 활동에 초점을 맞추기 때문에 이론은 참 깔끔해진다. 그렇지만 작업을 턱없이 단순화시키다 보니 이론도 지나치게 깔끔해진다.

신경계(자율 신경계라고 해도 좋고 나중에 나온 중추 신경계라고 해도 좋다.)를 변환기(혹은 입력기)와 실행기(혹은 출력기)를 통해 몸이라는 현실과 이어진 정보망으로 여기는 것은 참 그럴싸해 보인다. 변환기(transducer)란 한 매질에 담긴 정보(혈중 산소 농도의 변화, 주위 조명의 약화, 온도의 상승 따위)를 다른 매질로 옮기는 임의의 장치를 말한다. 광전지는 표면에 와 닿은 광자라는 빛의 입자를 전자라는 전기 신호로 바꾸어 도선으로 내보낸다. 마이크는 음파를 전파로 바꾼다. 자동 온도 조절 장치는 주위 온도의 변화를 금속의 굴신(屈伸)으로 바꾼다(이것은 다시 난로를 켜거나 끄라는 전기 신호로 번역된다.). 망막 안의 간상 세포와 원추 세포는 빛을 신경 신호로 옮기는 변환기다. 고막은 음파를 진동으로 바꾸며 이 진동은 달팽이관의 유모(有毛) 세포에 의해 역시 전기 신호로 바뀐다. 몸 구석구석에는 온도 변환기가 박혀 있으며 속귀에는 운동 변환기가 있다. 이밖에도 각종 정보를 처리하는 변환기가 많다. 실행기(effector)는 어떤 매질에서 들어온 신호의 지시에 따라 다른 매질에서 활동(팔을 굽힌다든지 숨구멍을 닫는다든지 체액을 분비한다든지 소리를 지른다든지)을 일으키는 임의의 장치를 뜻한다.

컴퓨터의 경우 '바깥' 세상과 정보 회로가 깔끔하게 구별된다. 글자판의 글쇠, 마우스, 마이크, 카메라 같은 입력 장치는 모두 정보를 공동 매질('정보 단위'가 전송되고 저장되고 변환되는 전자 매질)로 바꾼다. 컴퓨터는 과열을 알리는 온도 변환기나 전원의 불안정함을 알리는 경보 변환기 같은 내부 변환기도 있는데 이것들은 입력 장치로 보아야 한다. (내부) 환경에서 정보를 뽑아서 정보가 처리되는 공동 매질로 집어넣기 때문이다.

인체의 신경계에서 정보 회로를 '바깥' 사건과 격리시킬 수 있어서 중요한 교신은 정체가 확실한 변환기와 실행기에서만 이루어진다면 더 이상 깔끔한 이론이 없으리라. 그러면 참으로 놀라운 분업이 이루어진다. 타륜이 키와 아주 멀리 떨어진 선박을 생각해 보자. 우리는 타륜과 키를 로프와도, 기어와 체인과도, 와이어와 도르래와도, 기름(물이나 위스키라도 좋다!)을 채운 고압 호스로 된 유압 장치와도 연결할 수 있다. 어떤 방식을 택하든 이런 시스템은 조타수가 타륜을 돌릴 때 보내는 에너지를 차질 없이 키에 전달한다. 심지어는 전기 신호를 실어 나르는 몇 가닥의 가는 전선만으로도 타륜과 키를 이을 수 있다. 이 경우 조타수는 에너지를 전달할 필요 없이 키의 이동 폭에 관한 정보만 보내도 된다. 타륜에서 나온 정보는 한쪽 끝에서 신호로 바뀌며 다른 쪽 끝에서는 실행기(일종의 모터)가 그 신호에 따라 에너지를 발생시킨다(타륜의 회전 저항을 조절할 수 있도록 키 말단에서 타륜으로 보내지는 '되먹임' 메시지가 있다면 조타

수는 키가 돌아갈 때의 수압도 감지할 수 있다. 이런 되먹임은 오늘날 자동차의 파워 핸들에서 볼 수 있다.).

이런 종류의 시스템(에너지는 거의 전달하지 않고 정보만 실어 나르는 순수 신호계)을 도입한다면 그 신호가 전선을 통해 움직이는 전자건 광섬유를 통해 흐르는 광자건 허공을 관통하는 전파건 아무래도 좋다. 중요한 것은 타륜의 회전과 키의 회전 사이의 시간 지연으로 인해 정보가 유실되거나 왜곡되지 않아야 한다는 점이다. 이것은 체인이나 와이어, 호스 같은 기계적 연결 고리를 이용하는 에너지 전달계에서도 기본이다. 신축성 있는 고무줄보다 신축성 없는 케이블이 더 좋은 전달 매질이고 응축이 불가능한 기름이 공기보다 유압계에서 더 뛰어난 힘을 발휘하는 이유가 여기에 있다.●

신식 기계에서는 이처럼 제어계를 피제어계와 분리할 수 있는 경우가 많다. 따라서 기능을 유지하면서도 제어계를 쉽게 바꿀 수 있다. 가전 제품에 널리 쓰이는 리모컨은 좋은 예다. 전자 점화

● 조타 장치의 예는 중요한 역사적 계보를 가지고 있다. '사이버네틱스(cybernetics)'라는 용어는 노버트 위너(Norbert Wiener)가 '조타수' 혹은 '키잡이'를 뜻하는 그리스 어에서 만들어 낸 말이다. '통치자'를 뜻하는 gorvernor도 같은 어원에서 유래했다. 정보의 전송과 처리를 통해 제어가 이루어지는 원리는 위너가 『사이버네틱스: 동물과 기계에서 이루어지는 제어와 통신(Cybernetics: or, Contol and Communication in the Animal and the Machine)』(1948)에서 처음으로 확립했다.

장치와 컴퓨터 칩에 기반을 둔 각종 기기도 그렇다. 특정 매질에 구애받지 않는 이런 특성은 동물의 신경계에서도 어느 정도는 나타난다. 신경계는 변환기와 실행기, 이 둘을 잇는 전송로로 명쾌하게 나눌 수 있다. 암 세포가 청각 신경에 침투하면 귀가 먹을 수 있다. 귀에서 소리를 알아차리는 부분은 멀쩡해도 이렇게 감지된 결과를 뇌에 전달하는 경로가 망가졌기 때문이다. 이렇게 파괴된 길은 보철 고리, 곧 몸과는 다른 재료(일반 컴퓨터와 동일한 전선)로 만든 미세한 케이블로 되살릴 수 있다. 케이블 양쪽 끝의 접속 부위는 기존의 건강한 신체 부위가 요구하는 조건을 만족시키므로 신호는 접속 부위를 거뜬히 통과할 수 있다. 덕분에 청각 능력이 되살아난다. 이처럼 정보가 유실되거나 왜곡되지만 않는다면 정보가 어떤 매질을 통해 전달되는가는 중요하지 않다.

하지만 이 중요한 이론적 발상은 심각한 혼란을 빚기도 한다. 가장 빠지기 쉬운 함정은 '이중 변환의 신화(Myth of Double Transduction)'다. 먼저 신경계가 빛, 소리, 온도 따위를 신경 신호(신경 섬유로 전달되는 자극의 연쇄)로 바꾸고 이어서 중앙의 특수한 부위에서 이 신경 신호를 또 다른 매질, 곧 의식의 매질로 바꾼다는 것이다! 데카르트도 그렇게 생각했다. 그는 뇌의 한복판에 있는 송과선이야말로 마음이라는 신비로운 비물질 매질로 2차 변환이 이루어지는 곳이라고 믿었다. 오늘날 마음을 연구하는 과학자 중에서 이런 비물질 매질이 있다고 믿는 사람은 거의 없다. 그렇지만 아직 확인되지 않은 뇌 안의 어떤 부위에서 어떤 특수한 물리적 매질로 2차 변환이 일어난다는 생각은 아직도 경솔한 이론가를 현혹시킨다. 그들은 신경계의 주변부에서 이루어지는 활동은 단순한 감응에 불과하므로 중심부 어딘가에 감지가 이루어지는 곳이 있어야 한다고 믿는 모양이다. 아무리 눈알이 살아 있어도 뇌와 이어지지 않으면 대상을 볼 수 없고 시각 경험을 의식할 수 없으므로 미지의 X라는 요소가 덧붙여져 단순한 감응력이 감지력으로 바뀐 다음에야 의식을 경험할 수 있다는 것이다.

이런 생각이 먹혀드는 이유는 뻔하다. 단순한 신경 자극은 의식의 재료가 될 수 없으므로 다른 무언가로 번역되어야 한다는 뿌리 깊은 선입견 때문이다. 그렇지 않으면 신경계는 전화를 받아 주는 사람이 없는 전화선, 시청자가 한 사람도 없는 방송, 조타수 없는 선박과 같다는 것이다. 따라서 모든 정보를 받아들이고 (변환하고) 평가한 다음 '배가 나아갈 방향을 정하는' 중앙의 행위자, 우두머리, 청취자가 있어야 한다는 것이다.

신경망 자체가 그 정교한 구조, 놀라운 변형력, 신체를 다스리는 탁월한 능력에 힘입어 내부의 우두머리 역할을 할 수 있고 당연히 의식을 품을 수 있다는 주장은 아직은 터무니없는 것으로 받아들여진다. 그러나 유물론자는 이런 논리에서 무한한 가능성을 발견한다. 신경계를 정보 처리계로만 보는 입장을 허무는 그 복잡성을 끌어들여 우리의 상상력을 키우면서 '분별'이라는 막중한 책무의 일부를 몸에다 넘기자는 것이다.

몸에도 몸의 마음이 있다!

자연은 합리 추구 장치를 생리 제어 장치 위에 달랑 얹지 않고 생리 제어 장치 '에서', 생리 제어 장치 '와 함께' 만들어 낸 듯하다.

— 안토니오 다마지오(Antonio Damasio)
『데카르트의 오류(*Descartes' Error*)』

신경계에서 정보를 실어 나르는 매질은 신경 세포의 긴 가지를 따라 움직이는 전기화학 신호다. 이 신호는 전선을 따라 광속으로 움직이는 전자보다 이동 속도는 훨씬 느리다. 신경 섬유는 말하자면 길게 늘어진 전지다. 신경 세포벽 안팎의 화학적 차이에서 전기가 생기며 이 전기는 세포벽을 따라 전달된다. 생체 전기의 이동 속도는 분자 뭉치가 체액 안에서 움직이는 속도보다는 훨씬 빠르지만 빛의 속도보다는 훨씬 느리다. 신경 세포가 신경 세포와 만나는 교점, 곧 시냅스(synapse)에서 극소 실행기와 극소 변환기의 교류가 이루어진다. 전기 자극은 신경 전달 물질의 분비를 촉진하며 분비된 신경 전달 물질은 확 퍼지는 낡은 수법으로 시냅스의 아주 좁은 틈새를 건너서 다시 전기 자극으로 바뀐다. 자물쇠-열쇠 구조로 돌아가는 아득히 먼 옛날의 분자 세계로 한발 물러섰다고나 할까. 특히 글루타메이트처럼 웬만한 시냅스는 일단 건너고 보는 중립적 성격을 가진 전천후 신경 전달 물질이 있는가 하면 이웃 신경 세포에서 '자물쇠'를 찾았다 싶으면 자기가 앞장서서 이리저리 바뀌는 신경 조절 분자도 종류가 참 많다는 사실을 생각하면 더욱 더 그렇다. 변환기가 항원이나 산소, 열의 존재를 '알아차리는' 것처럼 신경 세포도 이런 신경 조절 분자의 존재를 '변환'한다고 보아도 좋을까? 그렇다면 전기 자극으로 전달되는 기존의 정보에다 추가로 무언가를 덧붙이는 변환기가 신경계의 거의 모든 접점에 있다는 말이 된다. 아울러 신경 조절 물질과 신경 전달 물질을 몸 안의 '바깥' 세계로 내뿜고 퍼뜨려 다양한 효력을 내는 실행기가 사방에 널려 있다는 말이다. 정보 처리계와 외부 세계(몸의 나머지 부분) 사이의 산뜻한 경계선은 허물어진다.

변환기와 실행기가 있는 곳에서는 정보 처리계의 '매질 중립성'이라든가 다각 구현 가능성은 설 자리를 잃는다. 가령 빛을 탐지하려면 광자에 예민한 무언가가 있어야 한다. 다시 말해서 광자에 빠르고 믿음직스럽게 반응하여 아원자 입자의 도착을 커다란 사건으로 부풀려 또 다른 사건을 유도할 수 있는 것이 있어야 한다(로돕신은 광자에 민감한 물질로 개미에서 물고기, 독수리, 사람에 이르기까지 모든 생물의 눈에서 자연이 선택한 단백질이다. 물론 인공 눈은 로돕신이 아니더라도 광자에 민감한 다른 물질을 쓸 수 있다. 그렇지만 아무것이나 써도 좋다는 뜻은 아니다.). 항원을 색출해서 격파하려면 모양이 제대로 된 항체가 있어야 한다. 색출은 어디까지나 자물쇠-열쇠 방식으로 이루어지니까 이런 모양으로 된 항체 분자를 이루는 물질의 선택 폭은 줄어들며 분자의 화학 성분에도 제약이 따른다. 물론 라이소자임의 수많은 변종이 모두 라이소자임으로 받아들여지는 것처럼 어느 정도의 융통성이 있는 것도 사실이다. 모든 정보 처리계는 양쪽 끝이 변환기와 실행기에 연결되어 있으며 그 사이에 있는 모든 것은 매질 중립적 과정을 통해 처리된다고 이론상으로는 말할 수 있을지 모른다.

사실 선박, 자동차, 정유 공장 같은 복잡한 인공물의 제어계는 사용되는 매질이 주어진 시간 안에 과제를 처리할 수만 있다면 매질 중립적이라고 말할 수 있다. 하지만 동물의 신경 제어계는 정말로 매질 중립적이라고 말하기 어렵다. 제어계가 특별한 물질로 이루어져야만 분위기든 소리든 특별한 효과가 나오기 때문이 매질 중립적이지 않다고 말하는 것은 아니다. 동물의 신경 제어계는 이미 구석구석에 퍼진 제어계들을 수없이 거느린 유기체의 제어계로서 발전했기 때문이다. 새로운 제어계는 낡은 제어계 위에 들어설 수밖에 없었고 낡은 제어계와 손발을 맞추면서 어마어마하게 많은 변환점을 만들었다. 이렇게 사방에서 서로 다른 매질 사이에서 이루어지는 상호 침투를 무시해도 좋을 때가 어쩌다가 있긴 하지만(가령 청각 신경 같은 신경 경로의 자리에 보철물을 끼워 넣을 때처럼 말이다.) 아주 비현실적인 사고 실험이라면 모를까 이런 식의 상호 침투를 깡그리 무시할 수는 없다.

예를 들어 보자. 신경 세포와 신경 세포의 교류를 다스리는 자물쇠를 풀려면 글루타메이트, 도파민, 노에피네프린이 필요하다. 그러나 '원리적으로' 자물쇠는 바꿀 수 있다. 화학 성분이 다른 시스템으로 대체할 수 있다는 뜻이다. 어차피 화학 물질의 기능은 자물쇠와 얼마나 잘 맞아 떨어지느냐, 또 정보를 지닌 메시지가 오고 나서 어떤 파급 효과가 생기느냐에 달린 것이지 다른 요인은 고려할 필요가 없다. 하지만 몸 구석구석으로 분산된 책임을 생각할 때 자물쇠를 바꾸기란 사실상 불가능하다. 이미 너무 많은 정보 처리 내용과 정보 저장 방식이 이 특정한 물질들에 담겨 있기 때문이다. 마음을 이루는 재료가 중요하다고 말하는 또 다른 이유다. 정리하자면 마음에서 물질은 두 가지 요건을 고려해야 하기 때문에 중요하다. 하나는 속도고 또 하나는 신경계 곳곳에 변환기와 실행기가 퍼져 있다는 사실이다. 이것 말고는 달리 중요한 이유는 없다고 생각한다.

기능주의를 비판하는 쪽에서는 마음의 재료가 중요하다고 주장한다. 이런 주장은 척 보기에도 그럴듯하고 우리가 논의한 요건들도 이런 주장을 뒷받침한다. 그들의 주장은 반도체, 전선, 유리, 맥주 깡통만 가지고서는 감지력이 있는 마음을 만들 수 없다는 이야기이다. 그렇다면 우리는 기능주의를 포기해야 할까? 천만의 말씀이다. 이런 주장도 실은 기능주의의 기본적 통찰에서 힘을 얻고 있기 때문이다.

마음이 물리적 기제나 매질의 화학 성분을 무시할 수 없는 까닭은 이런 물리적 기제가 해야 하는 작업을 해 내기 위해서는 마음도 자신이 다스리는 기존의 몸과 소통할 수 있는 물질로 이루어져야 한다는 엄연한 생물사적(生物史的) 사실 때문이지 다른 이유는 없다. 기능주의는 이런저런 물질의 '내재적 속성'을 강조하는 생기론이나 신비주의를 비웃는다. 위스키에 어리석음이 없듯이 아드레날린에도 분노와 공포가 없다. 위스키와 아드레날린이라는 물질 자체는 가솔린이나 이산화탄소처럼 마음과는 무관하다. 위스키나 아드레날린의 이른바 '내재적 속성'은 이런 물질의 능력이 더 큰 기능계의 성분으로 기능할 때만 의미를 갖는다.

생물의 신경계가 선박의 제어계와는 달리 주변과 말끔히 구분되는 매질 중립 시스템이 아니라는 사실(거의 모든 접속점에서 '실행'을 낳고 '변환'을 한다는 사실)을 염두에 둔다면 신경계가 우리가 생각하는 것보다 복잡하게 돌아간다는 사실을 잊어서는 안 된다. 기능주의의 관점에서 마음에 접근하는 철학자는 그래서 더욱 고달프다. 나는 내 몸이 아니라 내 몸의 …… 주인이라는 직관의 의미를 캐는 철학적 사고 실험(나도 「나는 어디에 있나(Where am I?)」(1978)라는 논문을 쓴 적이 있다.)은 수없이 이루어졌다. 심장 이식 수술의 경우 우리는 남의 심장을 받고 싶어 하지 내 심장을 기증하고 싶어 하지는 않는다. 반면 뇌 이식 수술에서는 우리는 기증자가 되고 싶어 한다. 우리는 몸이 아니라 뇌와 함께 가고 싶어 한다. (많은 철학자가 주장하는 바지만) 원리적으로는 나의 뇌를 정보는 그대로 둔 채 매질만 다르게 하여 바꿀 수 있다. 정보만 완벽하게 보존된다면 나는 공상 과학적인 원격 이동(teleportation)으로 여행할 수 있다. 원리적으로는 그렇다. 그렇지만 신경계에 관한 정보만이 아니라 몸 전체에 관한 정보를 보낼 수 있어야만 이것이 가능하다. 철학자들은 안 그렇게 생각할 때가 많지만 나는 내 몸에서 매끄럽게 떼어 낼 수 있는 것이 아니다. 나를 이루는 중요한 부분, 이를테면 가치관, 재능, 기억, 기질 같은 것은 신경계뿐 아니라 나의 몸에도 담겨 있다.

마음과 몸에 대해 데카르트가 천명한 악명 높은 이원론의 유산은 상아탑을 넘어 보통 사람의 생각에도 깊숙이 박혀 있다. "이 선수들은 몸도 마음의 준비가 끝났다.", "네 몸에는 탈이 없다. 모든 것은 마음먹기에 달려 있다."라는 표현이 좋은 예다. 데카르트와 격투를 벌이는 우리 같은 사람 안에도 마음(다시 말해서 뇌)을 몸의 주인 내지는 배의 선장으로 이해하려는 습벽이 아직도 강하게 남아 있다. 이런 통념에 젖다 보면 마음을 수많은 신체 기관의 하나로 보는 중요한 관점을 놓친다. 마음이 주도권을 잡은 것은 진화의 역사에서 비교적 최근의 일이다. 마음을 우두머리가 아니라 부리기 까다로운 일개 하인(자신을 보호하고 먹여 살리며 자신의 활동에 의미를 부여하는 몸을 위해 일하는 존재)으로 여겨야만 마음의 기능을 제대로 볼 수 있다.

역사적 관점과 진화론적 관점은 내가 옥스퍼드 대학교에 들어간 이후 지난 30년 동안 이 대학에서 일어난 변화와 일맥상통한다. 옛날에는 학장이 모든 책임을 졌고 경리에서 부학장에 이르기까지 나머지 교직원은 학장의 감독과 지시 아래 움직였다. 오늘날 학장은 영국에서든 미국에서든 대학 본부가 임명한 직원 이상의 역할을 부여받지 못하고 있다. 그렇다면 대학은 궁극적으로 어디서 자신의 의미를 얻을 수 있을까? 비슷한 변화가 진화의 역사에서 몸이 관리되는 방식에도 일어났다. 우리의 몸은 옥스퍼드 대학교의 학장처럼 어느 정도의 결정권은 있다. 몸은 대학 당국이 '대학인'의 정서에 역행할 때 거기에 맞서는 현대의 학장처럼 최소한의 힘은 있다.

마음은 곧 뇌라는 생각을 버리고 이것을 몸 구석구석으로 보내면 마음의 기능을 따지기 어려워지는 것은 사실이다. 하지만 엄청난 반대급부가 있다. 선박 같은 인공물의 제어계와는 달리 사람의 제어계가 고립되어 존재하지 않는다는 사실 덕분에 몸 자체(몸에 담긴 신경계와 구별되는)에 우리가 평소에 무언가를 결정할 때 써먹는 주옥같은 지혜가 실린다. 일찍이 이 모든 것을 꿰뚫어 본 철학자 프리드리히 니체는 『차라투스트라는 이렇게 말했다(*Also sprach Zarathustra*)』, 그중에서도 특히 「몸을 경멸하는 자들에 대하여」라는 절묘한 제목이 달린 절에서 특유의 활기찬 문체로 이 문제를 다루었다.

몸이 나요 넋이라고 아이는 말한다. 왜 아이처럼 말하면 안 될까?

깨달은 사람은 말한다. 나는 하나부터 열까지 몸 말고는 아무것도 아니라고. 넋은 몸과 관련된 것을 일컫는 낱말일 뿐이라고.

몸은 위대한 이성이다. 하나의 뜻으로 묶인 여럿이다. 전쟁이자 평화이며 가축이자 목동이다.

네 몸이 쓰는 도구는, 아는가, 네가 '정신'이라고 부르는 작은 이성이기도 하다는 것을. 네 위대한 이성이 쓰는 앙증맞은 도구와 장난감이 정신이다. ……

네 사고와 감정 배후에는, 아는가, 자아라는 이름을 가진 힘찬 지배자가, 현자가 버티고 있다는 것을. 그는 네 몸 안에 머문다. 그는 바로 네 몸이다.

네 으뜸가는 지혜보다 더 뛰어난 이성이 몸 안에 있다.

진화는 모든 유기체의 모든 부위에 정보를 담는다. 고래의 수염에는 고래의 먹이에 대한 정보가, 고래가 그 안에서 먹이를 찾는 액체 매질에 대한 정보가 있다. 새의 날개에는 새가 그 안에서 활동하는 매질에 대한 정보가 있다. 카멜레온의 피부에는 눈앞의 환경에 관한 정보가 생생히 담겨 있다. 동물의 내장과 호르몬계에는 그 동물의 조상이 살았던 세계에 대한 정보가 듬뿍 있다. 이런 정보가 뇌에 꼭 베껴지지 않더라도, 신경계의 '자료 구조'에 '나타나지' 않더라도 신경계는 이것을 써먹을 수 있다. 신경계는 팔다리와 눈에 담긴 정보를 써먹고 거기에 기대도록 만들어졌을 뿐 아니라 호르몬계에 담긴 정보도 써먹고 거기에 기대도록 만들어졌기 때문이다. 신경계를 에워싼 몸에는 각별한 지혜가 실려 있다. 중추 신경계는 연륜을 쌓은 몸의 이런저런 체계를 때로는 공명판으로, 때로는 청중으로, 때로는 비평가로 예우하여 이들의 가벼운 딴지나 매서운 비판을 길잡이로 삼아 앞길을 슬기롭게 헤쳐 나간다. 주도권은 아무래도 몸한테 있다. 가련한 데카르트도 몸과 마음의 합일이 이렇게 중요하다는 사실을 어렴풋이나마 알았다.

> 이런 고통, 허기, 갈증 같은 감정을 통해서 자연은 내가 내 몸 앞에 나타나는 방식은 뱃사람이 배 앞에 나타나는 방식과는 다르다는 것, 나는 혼연일체에 가까우리만큼 몸과 얽혔다고나 할까 긴밀히 묶였다는 것을 가르쳐 준다.(『성찰』6)

만사가 순조로울 때에는 조화가 지배하며 몸 안에 있는 지혜의 다양한 샘이 전체의 이익을 위해 협력한다. 하지만 "몸이 고집을 부리는구나!" 같은 묘한 장탄식이 튀어 나올 수밖에 없는 갈등도 있다는 사실을 우리는 너무나 잘 안다. 이렇게 몸에 담긴 정보가 또 다른 마음처럼 끼리끼리 움직이는 게 아닐까 싶은 때도 있다. 왜 이런 일이 생길까? 몸이 마음과 다르게 알아서 움직이고 호불호를 정하고 결단하고 실천에 옮길 줄도 알기 때문이다. 자아는 도무지 말을 안 들어먹는 몸이라는 꼭두각시를 부려먹으려고 안

간힘을 쓰는 주인과 비슷하다고 본 데카르트의 시각은 그럴 때 참으로 설득력이 있다. 몸은 내가 숨기려는 비밀을 얼굴을 붉히거나 손을 떨거나 땀을 흘려서 기어이 드러낸다. 내가 아무리 내숭을 떨어도 몸은 지금은 토론이나 벌일 때가 아니라 성욕을 채워야 마땅하다는 판단을 내리고 반란을 획책한다. 이보다 더 속이 터지고 답답한 것은 마음 같아서는 섹스를 하고 싶은데 몸이 말을 안 들어서 마음이 갖은 추파를 다 떨어야 하는 경우다.

그런데 몸에도 마음이 이미 있다면 우리가 마음이라고 부르는 또 하나의 마음은 무엇 때문에 생긴 것일까? 몸 하나에 마음 하나로는 충분하지 않다는 말인가? 때로는 충분하지 않을 때가 있다. 지금까지 살펴보았듯이 몸에 바탕을 둔 원시 마음은 수십억 년의 세월 동안 생명을 유지시키는 과업을 묵묵히 수행했지만 상대적으로 느리며 무디다. 지향성도 근시안적이고 쉽게 속아 넘어간다. 세상과 치밀하게 겨루려면 더 빠르고 멀리 내다볼 줄 아는 마음이 필요하다. 그런 마음이 더 나은 미래를 만든다.

4
생산과 검증의 탑

다윈 생물, 스키너 생물, 포퍼 생물●

시간적으로 한참을 앞질러 내다보기 위해서는 공간적으로 멀리 보는 것이 좋다. 처음에는 언저리에서 안만 살피는 감시계로 출발한 것이 근거리뿐 아니라 원거리까지도 판별하는 체계로 조금씩 발전했다. 지각은 이런 과정을 거치면서 나타났다. 냄새를 맡는 능력, 곧 후각은 아주 멀리 있는 열쇠가 이곳의 자물쇠로 와야만 힘을 쓴다. 열쇠가 그리는 궤적은 비교적 느리고 가변적이며 불확실하다. 아무렇게나 흩어지고 퍼지기 때문이다. 자연히 열쇠의

● 이 장의 일부 내용은 내가 쓴 『다윈의 위험한 아이디어』를 바탕으로 다시 쓴 것이다.

출처에 대한 정보도 제한된다. 청각은 신경계의 변환기를 때리는 음파에서 비롯된다. 음파의 경로는 빠르고 규칙적이므로 청각도 멀리서 벌어지는 일을 재빨리 알아차린다. 하지만 음파는 휘거나 튀므로 정보원이 아리송해지기 쉽다. 시각은 물체에 반사된 빠른 광자에서 비롯되며 광자의 궤도는 직선을 그리므로 알맞은 바늘구멍(임의의 렌즈)만 있으면 유기체는 멀리 떨어진 사건에 관한 고해상도의 정보를 순간적으로 얻을 수 있다. 내부 지향성에서 근거리 지향성, 다시 원거리 지향성으로의 변화는 어떻게 일어나게 되었을까? 진화는 몸의 표면에 정보를 전문적으로 받아들이는 수많은 내부 행위자 무리를 탄생시켰다. 소나무에 닿는 빛과 다람쥐에 닿는 빛에는 엇비슷한 정보가 담겨 있지만 다람쥐는 정보를 흡수하고 나아가 정보를 탐구하고 해석하기까지 하는 전문화된 극소 행위자를 수없이 거느리고 있다.

동물을 그저 풀을 먹는 초식 동물과 고기를 먹는 육식 동물로만 이해해서는 안 된다. 동물은 심리학자 조지 밀러(George Miller)가 절묘하게 표현한 대로 정보를 먹는 정보 포식자(informavore)다. 동물이 정보에 굶주린 것은 역시 정보에 굶주린 수백만 개에 이르는 극소 행위자가 수만에서 수십만의 하위계로 절묘하게 엮여 있기 때문이다. 깨알 같은 행위자 하나하나를 우리는 작은 지향계로 볼 수 있다. 그리고 이 행위자가 태어나서부터 죽을 때까지 줄기차게 던지는 질문은 오직 하나, "지금 나의 메시지가 들어오고 있는가?"다. 그렇다는 판단이 서면 행위자는 제한적이지만 적절한 행동에 나선다. 이런 인식욕이 없다면 지각도 불가능하며 이해도 불가능하다. 철학자들은 흔히 '주어진 것'과 '주어진 것을 마음이 요리하는 활동'으로 지각을 나누었다. 주어진 것을 붙드는 일은 동물의 뇌 중심부 어딘가에 자리 잡은 우두머리 문지기가 혼자서 하는 작업이 아니다. 붙드는 임무는 조직화된 개별 수용자 모두에게 분담되어 있다. 수용자는 그저 주변부의 변환기(눈의 망막에 있는 간상 세포와 원추 세포, 코의 상피 세포)만을 뜻하는 것이 아니라 뇌 구석구석까지 깔린 그물망으로 연결된 세포와 세포군을 총칭한다. 수용자에게는 빛이나 압력(음파 압력이나 접촉 압력)의 정도만 유입되는 것이 아니라 신경 자극의 정도도 유입된다. 그렇지만 유입되는 내용이 다를 뿐 수용자가 하는 역할은 대동소이하다. 수용자, 곧 이 모든 행위자는 어떻게 더 큰 체계로 조직되어 더 정교한 지향성을 유지하게 되었는가? 물론 자연선택이라는 진화의 과정에서 생겨났지만 여기에는 단 하나의 과정만 있는 것은 아니다.

나는 뇌의 다양한 설계안을 비교할 수 있는 틀을 제시하여 뇌의 힘이 어디에서 나오는지를 알아보고 싶다. 턱없이 단순한 구조인지도 모르지만 전체를 보려면 추상화는 불가피하다. 나는 이 모델을 생산과 검증의 탑(the Tower of Generate-and-Test)이라고 부른다. 탑에 새로운 층이 쌓일 때마다 유기체는 그 수준에서 더 좋은 수를 더 효율적으로 찾아낼 수 있다.

유기체가 미래를 만들어 내는 능력은 점점 좋아진다. 이것을 몇 단계로 나눌 수 있지만 진화사에서 명확하게 규정된 이행 시기와 맞물리는 법은 거의 없다. 다양한 계열에서 나온 이질적 단계가 진화 과정에서 포개지기 때문이다. 그렇지만 생산과 검증의 탑을 이루는 다양한 층은 인지 능력에서 나타난 중요한 발전을 보여 준다. 일단 우리가 각 단계의 중요한 골격을 파악하면 진화 과정 전체를 쉽게 이해할 수 있을 것이다.

처음에 나타난 것은 자연선택에 바탕을 둔 '다윈 생물'이었다. 유전자의 임의적 조합과 변이 과정에서 다양한 유기체 후보군이 만들어졌다. 현실 검증을 거쳐서 여기서 가장 우수한 설계안이 살아남았다. 이것이 탑의 맨 아래층이다. 다윈 생물은 여기에 사는 유기체를 말한다 그림 1.

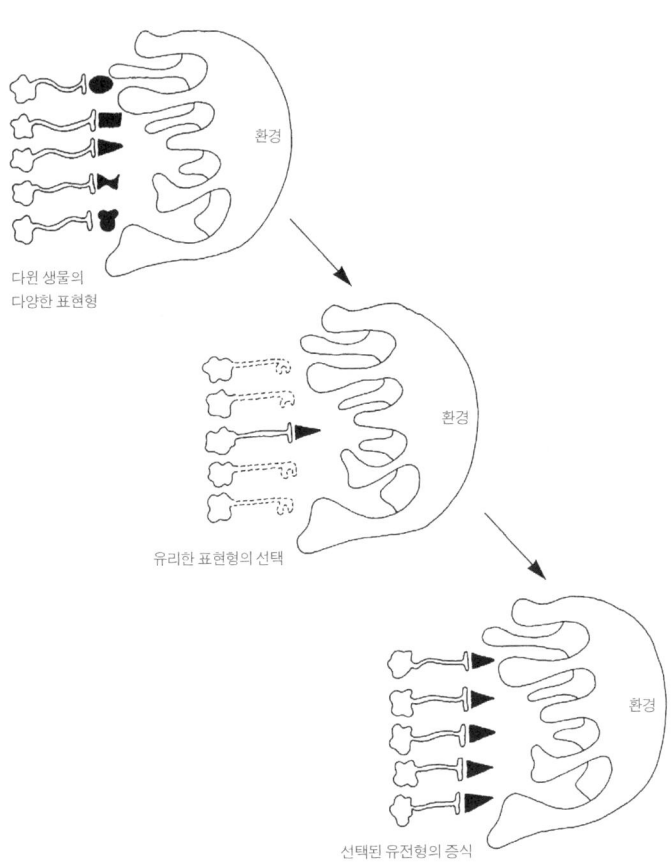

그림 1

생산과 검증의 탑의 첫 번째 층, 다윈 생물.

이 과정은 수백만 번의 주기를 거치면서 동식물 세계에서 놀라운 설계안을 대량으로 쏟아 냈다. 그러다가 이 참신한 생물 중에서 표현형의 유연성이라는 특성을 지닌 존재가 나타났다. 이것은 유기체 하나하나의 탄생 시점에서 모든 설계가 마무리되지 않은 존재다. 현실 검증 과정에서 일어난 사건으로 설계가 부분적으로 수정될 수 있었던 것이다. 새로운 유기체 중에는 그 사촌이라 할 고정된 회로를 가진 다윈 생물보다 별로 나을 게 없는 것도 있었다. 자신이 '시도'할 수 있는 행동의 후보 중에서 어떤 것을 선호할 수 있는 능력이 없었기 때문이다. 하지만 어떤 유기체는 운 좋게도 자기에게 유리하게 작용하는 행동을 선호하는 '강화인(强化因)'을 가지고 있었을 것이다. 이 유기체는 다양한 행동 선택안을 만들어 환경에 맞섰으며 좋은 선택안이 나올 때까지 하나하나 실험했다. 유기체는 환경에서 오는 긍정적 신호나 부정적 신호가 핵심이라는 사실을 알아차렸다. 환경에서 들어오는 신호에 따라 그 행동이 다음번에 재현되는 확률이 달라졌다. 회로가 잘못 짜여서 긍정적 강화인과 부정적 강화인이 뒤바뀐 유기체는 당연히 몰락할 수밖에 없었다. 알맞은 강화인을 가지고 태어난 운 좋은 유기체만 이득을 본다. 다윈 생물에서 이렇게 발전한 집단을 '스키너 생물'이라

4장 생산과 검증의 탑

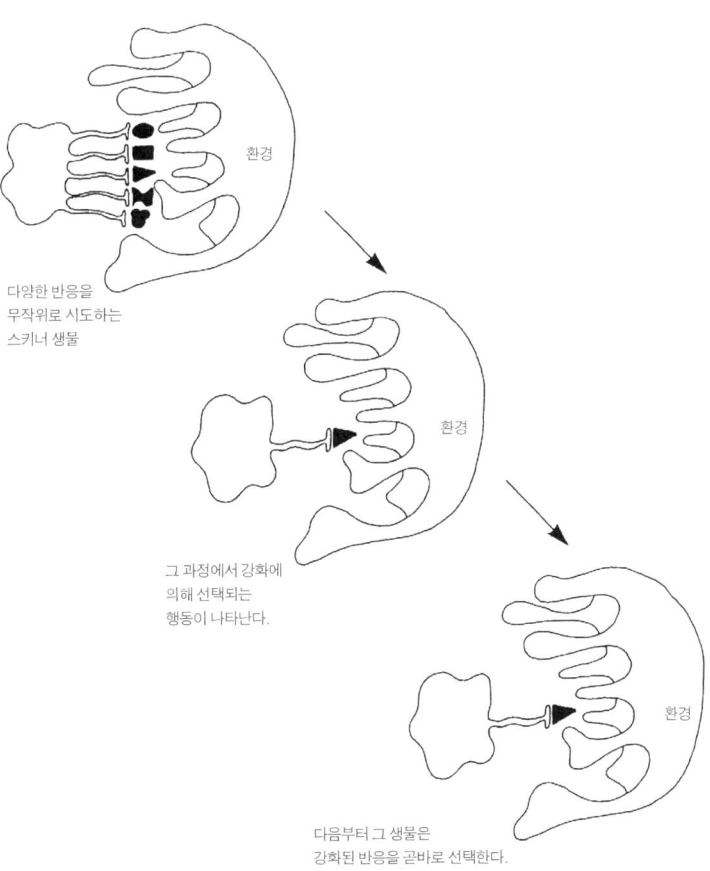

그림 2

생산과 검증의 탑의 두 번째 층인 스키너 생물.

고 부르자그림 2. 버루스 스키너(Burrhus F. Skinner)가 종종 지적한 것처럼 행동주의 심리학에서 말하는 '조작적 조건 형성(operant conditioning)'은 다윈이 말한 자연선택과 비슷한 개념이 아니라 그것이 더욱 확장된 개념이다. "선천적 행동은 물러나고 조건 형성 과정의 선천적 가변성이 들어선다."(Skinner, 1953, 83쪽)

1970년대의 인지 혁명은 심리학의 주류로 군림하던 행동주의를 몰아냈으며 그 후 유기체의 행동 능력을 고도의 적응성과 변별성을 가진 구조로 다듬는 스키너의 조건 형성 이론과 그 변형을 우습게 보는 경향이 자리 잡았다. 그러나 1990년대에 들어와 각광 받기 시작한 '연결주의(connectionism)'와 신경 네트워크에 대한 활발한 연구는 우연히 짜인 회로로 생을 시작한 간단한 네트워크가 단순한 유형의 '경험(그 네트워크가 마주친 강화의 역사)'을 거치면서 자신의 연결 구조를 바꿀 수 있다는 놀라운 결과를 보여 주었다.

마음(혹은 뇌, 혹은 제어계)을 만드는 과정에서 환경이 맹목적이지만 선택적 역할을 한다는 발상은 다윈 이전에도 있었다. 지금의 연결주의자와 과거의 행동주의자에 앞서 관념 연합론자가 있었다. 데이비드 흄(David Hume) 같은 철학자는 19세기에 벌써 마음의 단위(그는 그것을 '인상(impression)'과 '관념(idea)'이라고 불렀다.)가 어떻게 전지전능한 관리자 없이도 자기 조직화에 이를 수 있는지를 정리하려고 애썼다. 한 학생이 나에게 던졌던 인상 깊은 표현을 빌리자면 "흄은 관념이 스스로 사고하게끔 만들려고 했다." 흄은 인상과 관념이 화학 결합과 비슷한 과정을 거쳐 연합하고 그것이 마음속에서 습관의 통로를 만든다는 탁월한 통찰을 내놓았지만 검증되기에는 모호한 구석이 너무나 많았다. 하지만 흄의 관념 연합론은 동물의 행동을 조건 형성하는 데 성공한 이반 페트로비치 파블로프(Ivan Petrovich Pavlov)의 유명한 실험에 영감을 주었으며 파블로프의 실험은 다시 에드워드 리 손다이크(Edward Lee Thorndike)와 스키너를 비롯하여 수많은 행동주의 심리학자들의 주도 아래 다양한 조건 형성 이론으로 발전했다. 그중에서도 도널드 헵(Donald Hebb) 같은 심리학자는 행동주의를 당시의 뇌 관련 지식과 접목시키려고 했다. 1949년 헵은 신경 세포의 연결을 바꿀 수 있는 간단한 조건 형성 기제 모델을 내놓았다. 이 기제(지금은 헵의 학습 법칙이라고 부른다.)와 그 후속 모델들은 이런 계열의 최신판인 연결주의에서 변화를 불러일으킨 원동력이었다.

간단한 학습 모델들을 그것이 등장한 역사적 순서대로 나열하면 관념 연합론(associationism), 행동주의(behaviorism), 연결주의

(connectionism)가 되겠는데 이것을 영어 머리글자를 따서 ABC 학습이라고 부르자. 대부분의 동물은 의심할 나위 없이 ABC 학습 능력이 있다. 그들은 오랫동안 꾸준히 환경의 조련을 거친 덕분에 행동을 알맞게 고치거나 다시 설계할 수 있는 힘을 얻었다. 현실성과 세부 조건에서는 차이가 나지만 그런 조건 형성과 조련 과정이 신경 세포로 짜인 네트워크 안에서 기적의 힘을 빌리지 않고 어떻게 이루어질 수 있었는지를 설명하는 훌륭한 모델들이 나와 있다.

생명체가 목숨을 이어 가려면 형태를 인식하고 대상을 구별하고 일반화하며 운동을 역학적으로 제어하는 다양한 목표를 완수해야 하는데 ABC 네트워크는 그 점에서는 나무랄 데가 없다. 이 네트워크는 효율적이고 알차고 견고한 실행력을 가졌고 웬만한 오류에도 흔들리지 않으며 상황 변화에 기민하게 대응할 줄 안다. 후손에게 유전적으로 전달되는 자연선택에 의한 솎아내기와 다듬기(선천적 회로)와, 개체 안에서 나중에 발생하는 솎아내기와 다듬기(경험이나 훈련의 결과로 재구축된 회로)를 구분하는 것은 별로 의미가 없다고 지적한 스키너의 말이 옳다는 것을 이 네트워크는 보여 준다. 여기서 선천성과 후천성은 한 치의 틈새도 없이 꽉 맞물린다. 하지만 ABC 네트워크가 아직 해 내지 못하는 인지 과제가 있다는 날카로운 비판도 있다. 훈련의 결과로는 도저히 설명하기 어려운 인지 능력이 있다는 것이다. 실제로 어떤 동물은 '단번에 배우는' 능력이 있는 듯하다. 이런 동물은 가혹한 세계에서 힘겨운 시행착오를 거쳐야 한다는 ABC 학습의 불문율에 기대지 않고도 대상을 이해할 줄 안다.

스키너 식의 조건 형성은 괜찮은 전략이지만 문제가 있다. 그것은 초기에 실수를 저지르면 죽는다는 것이다. 따라서 더 나은 체계라면 모든 가능한 행동 중에서 사전 선택을 한다. 정말로 어리석은 행동은 그것이 무모하게 '현실'로 구체화되기 전에 솎아진다. 사람에게는 이런 특별한 능력이 있지만 이것이 사람의 전유물은 아니다. 탑에서 3층에 해당하는 이런 단계에 올라선 존재를 '포퍼 생물'이라고 부르자. 철학자 카를 포퍼(Karl Popper)가 일찍이 통찰한 대로 이런 구조적 발전은 "우리를 죽이지 않고 가설을 죽인다." 행운의 선택을 한 덕분에 목숨을 구하는 단순한 스키너 생물과는 달리 포퍼 생물은 요행에만 기대지 않으면서 첫 수를 둘 정도로 영리하다. 물론 그렇게 영리하게 태어난 것도 운이 좋아서이지만 그래도 무작정 행운에만 기대는 것보다는 한 수 위 아닌가!

포퍼 생물에서 볼 수 있는 이런 사전 선택은 어떻게 이루어지는가? 선택을 거르는 여과 장치가 있어야 한다. 여기서 말하는 여과 장치는 안전하게 시험을 치를 수 있는 일종의 내부 환경에 해당한다. 모습은 다르더라도 그 내부 환경은 외부 환경과 외부 환경의 규칙성에 관한 정보를 듬뿍 담고 있어야 한다. 이런 식이 아니라면(마술에 기댄다면 모를까) 신뢰도 높은 사전 선택은 이루어질 수 없다(매번 동전을 던지거나 신탁(神託)에 기대는 방법도 있겠지만 동전 던지기나 신탁이 세상에 대한 정확한 정보를 지닌 존재에 의해 일관성 있게 치우침 없이 시행되지 않는 한 이것들이 맹목적인 시행착오를 통한 학습보다 발전된 체계라고 말할 근거는 전혀 없다.).

포퍼 이론의 매력은 박진감 넘치는 모의 비행 장치에서 생생히 드러난다. 이 장치 안에서 조종사는 아까운 목숨(혹은 값비싼 비행기)을 희생시키지 않고도 위기 상황에서 어떤 조처를 취해야 할지를 배운다. 그러나 모의 비행 장치는 현실을 지나치게 사실적으로 재현한다는 점에서 포퍼 생물의 학습 모델을 보여 주는 예로서는 미흡한 느낌을 준다. 포퍼 생물의 내부 환경은 외부 세계의 물리적 세부 내용을 그대로 재현한 것이 아니다. 만일 그대로 재현한 것이라면 내 머릿속의 뜨거운 작은 난로는 그 난로에 닿은 내 머릿속의 작은 손가락을 능히 태울 정도로 뜨거울 것이다! 이런 황당무계한 세계까지 전제할 필요는 없다. 손가락이 난로에 닿았을 때 생기는 결과와 관련된 정보는 반드시 있어야 하고 그 정보는 내부 시험에서 사용될 때 경고로서의 역할을 할 수 있어야 하겠지만 실제 세계를 그대로 묘사해야만 그런 경고를 할 수 있는 것은 아니다. 조종사에게 조종석에서 언젠가 직면할 수 있는 온갖 우발적 상황을 자세히 설명한 책을 읽히는 교육 방법도 포퍼 전략이라는 점에서는 같은 효력을 낸다. 썩 좋은 학습 방법은 아닐지 모르지만 그래도 하늘에서 시행착오를 겪는 것보다는 백배 천배 낫다! 포퍼 생물의 공통점은 어떤 식으로든(선천적으로든 후천적으로든) 정보, 곧 그 생물이 (아마도) 마주칠 세계에 관한 정확한 정보가 그 생물 안에 담겨 있으며, 이 정보는 사전 선택 효과를 달성할 수 있는 형태로 존재한다는 사실이다그림 3.

포퍼 생물은 어떻게 행위를 걸러낼까? 물망에 오른 여러 행동을 몸이라는 심판대 앞에 세운 다음 아무리 낡고 근시안적일지언정 몸 안에 쌓인 지혜를 활용한다. 몸이 구역질, 현기증, 공포, 전율 같은 전형적 반응을 보이면서 저항하면 이것은 문제의 행동이 썩 좋은 길이 아님을 뜻한다. 이것은 (동전 던지기보다는) 신뢰도가 높은 신호다. 여기서 우리는 진화가 뇌의 회로를 다시 깔아서 바람직

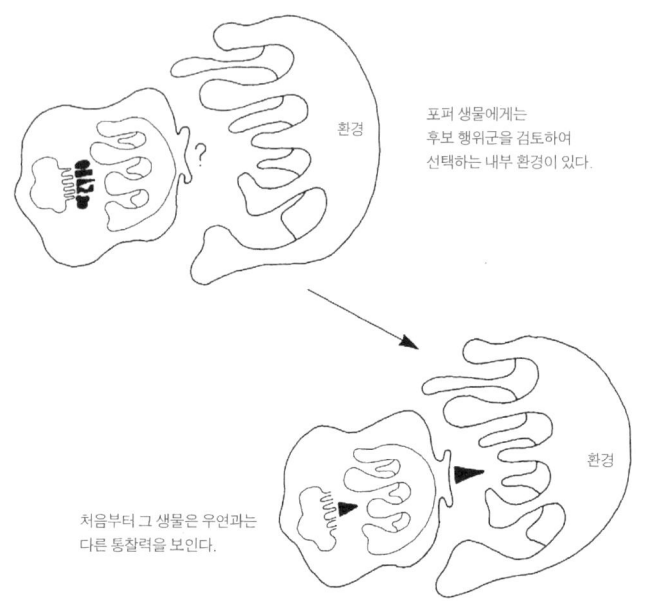

그림 3
생산과 검증의 탑의 세 번째 층인 포퍼 생물.

하지 못한 선택안을 깡그리 제거하여 다시는 그런 가능성이 떠오르지 못하게 하는 방식보다는 그런 가능성이 떠오를 때마다 강한 부정적 충동이 일어 그것이 경쟁에서 승리를 거둘 확률을 아주 낮

게 만드는 방식을 선호한다는 사실을 알 수 있다. 그 토대가 되는 몸 안의 정보는 유전 명령일 수도 있고 개인적으로 체득한 경험일 수도 있다. 아기는 유리 위로 기어가는 데 본능적으로 거부감을 가진다. 아기의 눈에는 유리 밑의 절벽이 보이기 때문이다. 엄마가 앞에서 아무리 어르고 꼬드겨도, 한 번도 떨어져 본 적이 없었는데도 아기는 뒤로 물러나며 겁을 낸다. 조상의 경험이 아기에게 안전한 쪽을 선택하게 만든 것이다. 낯선 음식을 먹인 다음 바로 토하는 약을 주사한 쥐는 그 다음부터 전에 먹고 토한 적이 있는 음식과 모양이나 냄새가 비슷한 음식에 강한 거부감을 보인다. 이 경우에는 쥐가 스스로의 경험을 통해 안전한 쪽을 선택하도록 만든 정보를 얻었다. 아기가 무서워하는 유리가 실제로는 안전하며 쥐가 꺼리는 낯선 음식에 독이 들어 있지 않으므로 어떤 여과 장치도 완전하지는 않다는 것을 알 수 있다. 하지만 그래도 무작정 덤벼드는 것보다는 안전하다.

심리학자와 동물행동학자의 탁월한 실험은 동물이 '자신의 머리로' 행동을 선별하는 또 다른 방법이 있다는 것을 밝혔다. 1930년대와 1940년대에 행동주의자들은 동물에게 세계에 대한 '잠재 학습(눈에 띄는 강화물에 의한 보상이 전혀 없는 학습)' 능력이 있음을 거듭 확인했다(행동주의자들의 이런 자기 논박은 또 다른 포퍼의 주장, 곧 과학은 논박 가능한 가설을 제시하는 방법을 통해서만 발전한다는 논리를 웅변한다.). 먹이 같은 보상이 없는 상황에서 미로를 탐구하도록 내버려 두면 쥐는 정상 경로 주변을 돌아다니면서 길을 익힌다. 그 다음에 쥐가 좋아하는 것을 미로 안에 놓으면 한번 길을 익힌 쥐는 미로를 처음 접한 쥐보다 표적을 훨씬 더 잘 찾아낸다. 이것은 하찮은 발견일지도 모른다. 쥐가 길을 찾을 줄 안다는 것은 예전부터 알려진 사실이 아닌가? 그렇기도 하고 그렇지 않기도 하다. 자명해 보이는 사실일 수도 있지만 다양한 종이 어느 정도의 지능을 가졌고 어느 정도의 마음을 가졌는지를 확실히 알려면 아무리 당연해 보이는 사실일지라도 구체적으로 검증해야 한다. 그래서 그런 실험이 중요한 것이다. 나중에 살펴보겠지만 동물을 대상으로 한 다른 실험들은 동물의 아주 우둔한 측면을 드러낸다. 동물이 자기의 환경에 대해서 가진 지식은 그야말로 극과 극을 달린다.

행동주의자들은 잠재 학습을 ABC 모델로 통합하기 위해 노력을 기울였다. 그들이 미봉책으로 제시한 설명 가운데 가장 설득력 있는 것은 탐구에 의해 충족되는(혹은 행동주의 용어로 말하자면 '감소되는') '호기심'을 가정한 것이다. 이 호기심 때문에 강화가 전혀 없는 환경에서도 어떤 식으로든 강화는 이루어진다는 것이다. 모든 환경은 그 안에 무언가 배울 것이 있다는 사실 하나만으로도 강화를 주는 자극으로 가득 차 있다고 볼 수 있지 않느냐는 관점이다. 행동주의의 교리를 수호하기 위한 공허한 억지로 보일 수도 있지만 다른 맥락에서 보면 이것은 그리 가망 없는 설명도 아니다. 호기심, 곧 인식욕(epistemic hunger)이 모든 강력한 학습계의 원동력이라는 사실을 인정하는 이론이기 때문이다.

인간은 ABC 학습을 통한 조건 형성이 가능하다는 점에서 스키너 생물이다. 하지만 스키너 생물에 머물러 있지만은 않다. 우리는 유전의 혜택을 엄청나게 많이 누리며 그 점에서는 다윈 생물이기도 하다. 그렇지만 우리는 그 이상이다. 우리는 포퍼 생물이다. 어떤 유기체가 포퍼 생물이고 어떤 동물이 그저 스키너 생물에 불과할까? 비둘기는 스키너가 실험에서 가장 애용한 동물이다. 스키너와 그의 제자들은 조작적 조건 형성의 기법을 대단히 정교한 수준까지 발전시켜서 비둘기가 아주 괴상망측하고 복잡한 학습 행동을 보이게 만들었다. 그러나 스키너 학파는 비둘기가 포퍼 생물이 아니라는 사실을 입증하는 데에는 끝내 실패했다. 문어에서 어류, 포유류에 이르는 엄청나게 다양한 종에 대한 연구 결과는 맹목적 시행착오 학습 능력만을 가진 순수한 스키너 생물이 존재한다면 그것은 단순한 무척추동물에서만 찾아볼 수 있음을 강력히 시사한다. 실제로 간단한 조건 형성 기제를 연구하는 학자들의 관심은 비둘기에서 거대한 해삼으로 바뀌었다.

    우리는 포퍼 생물이라는 점에서 다른 생물종과 다르지 않다. 포유류, 조류, 파충류, 양서류, 어류, 심지어는 수많은 무척추동물도 자신의 환경에서 얻은 제반 정보를 활용하여 행동안(behavioral option)을 미리 추려 내는 능력을 보여 준다. 새로운 외부 환경 정보는 어떻게 이들 생물의 뇌 안에서 통합되는가? 물론 지각을 통해서다. 환경에는 정보가 엄청나게 많다. 대부분의 유입 자극은 무시하도록 설계된 지각 기제는 가장 쓸모 있고 가장 믿을 만한 정보에 관심을 집중한다. 수집된 정보는 여러 해에 걸쳐 어떤 식으로든 선택적 효과를 발휘하여 동물의 구조가 세계에 더 효율적으로 반응할 수 있도록 만든다. 그렇다면 그것은 어떤 방식으로 이뤄질까? 다양한 기제와 방법이 존재하겠지만 그중 하나는 몸을 공명판으로 활용하는 것이다.

감지력의 비밀을 찾아서: 중간 보고

우리는 마음의 명세표에 새로운 요소를 하나둘 덧붙였다. 그렇다면 이제 감지력이 무엇으로 이뤄져 있는지 알게 된 걸까? 지금까지 묘사한 수많은 동물의 정상 행동은 감지력의 존재 유무를 가려내는 우리의 직관적 시험을 거뜬히 통과한다. 가짜 절벽의 가장자리에서 벌벌 떠는 강아지나 아기의 모습, 독을 품은 듯한 냄새를 풍기는 먹이 앞에서 쥐가 거부감을 나타내는 모습을 보고 있노라면 그들에게 감지력이 없다는 가설을 도저히 받아들이기 어렵다. 그렇지만 우리는 신중을 기해야 할 충분한 이유가 있다는 사실도 안다. 마음이 움직이는 것처럼 보이는 행동이 사실은 비교적 단순하고 기계적이며 마음과는 거리가 먼 제어계에서 나올 수도 있음을 확인했기 때문이다. 우리가 본능적으로 시간틀에 따라 어떤 대상의 움직임을 다르게 본다는 것은 우리가 어떤 대상에게 상황이 보장하는 수준 이상의 복잡성과 이해력을 부여하는 실수를 저지르는 것이 단순히 이론적 가능성이 아니라 현실적 가능성이라는 점을 보여 준다. 관찰한 행동이 우리를 현혹할 수 있다면 우리는 그 행동의 배후가 무엇인지 다시 캐물어야 한다.

아픔을 예로 들겠다. 1986년 영국 정부는 실험 동물 보호법을 수정하면서 마취 없이 수술해서는 안 되는 특권적 동물 집단에 문어를 추가시켰다. 문어는 연체동물로서 생리적으로 송어(포유류는 말할 것도 없다.)보다는 굴에 가깝다. 그러나 문어와 오징어 같은 두족류(頭足類)의 행동은 고도의 지능과 감지력을 가진 것처럼 보였으므로 과학계의 권위자들은 행동의 유사성을 감안하여 신체적 차이를 무시한 결정을 내린 것이다. 두족류는 아픔을 느끼는 생물로 공식 선언되었다. 붉은털원숭이는 생리적으로도 진화론적으로도 인간과 아주 흡사하므로 붉은털원숭이도 우리처럼 고통을 느끼리라 여기기 쉽지만 우리와는 놀라우리만큼 다른 행동 양식을 보인다. 영장류 연구자인 마크 하우저(Marc Hauser)는 짝짓기 철이 돌아오면 수컷 원숭이가 사납게 싸우는데 이때 한 수컷이 다른 수컷을 깔아 눕히고 상대의 한쪽 고환을 씹어서 끊어 놓는 일도 심심치 않게 일어난다고 보고한다. 부상을 당한 원숭이는 비명을 지르거나 아픈 표정도 짓지 않고 그저 상처만 핥다가 훌쩍 그 자리에서 떠난다. 그리고 하루나 이틀 뒤 다친 원숭이가 짝짓기를 하는 모습이 목격된 경우가 종종 있었다고 한다! 아무리 생물학적으로 친족 관계에 있다고는 하지만 이 동물이 그와 비슷한 봉변을 당한 사람(생각만 해도 치가 떨린다.)과 비슷한 아픔을 겪었다고 믿기는 어렵다. 확실하지는 않지만 매우 설득력 높은 이 두 가지 사례는 생리 증거나 행동 증거가 일관된 답을 주지 못한다는 점을 시사한다. 그렇다면 우리는 이 문제를 어떻게 다루어야 할까?

아픔의 주된 기능은 부정적 강화다. 부정적 강화란 똑같은 행위가 반복될 가능성을 줄이는 '처벌'을 뜻한다. 스키너 생물은 모두 이런 부정적 강화로 훈련시킬 수 있다. 부정적 강화에는 아픔만 있는 것일까? 모든 고통은 체험되는 것일까? 무의식적 아픔이나 체험되지 않은 아픔이 있을 수 있을까? 아픔이 행동을 다듬는 선에 그치고 그 이상의 마음에 가까운 효과를 낳지 않는 단순한 부정적 강화 기제도 있으므로 스키너의 조건 형성이 통용된다고 해서 무조건 해당 동물에게 감지력이 있다고 생각하는 우를 범해서는 안 될 것이다. 아픔의 또 한 가지 기능은 부상을 악화시킬 수 있는 육체 활동이 정상적으로 이루어지는 것을 막는 것이다. 다리를 다친 동물은 상처가 아물 때까지 다친 다리에 무리가 가지 않도록 신경을 쓴다. 이런 기능은 보통은 상호 작용하는 신경계와 자기 유지 회로의 내부를 흐르는 신경 전달 물질의 출현으로 수행된다. 이 물질의 출현은 곧 아픔이 있음을 뜻하는가? 반드시 그렇지는 않다.

신경 전달 물질 자체는 어디까지나 자물쇠를 찾아 떠다니는 열쇠에 불과하기 때문이다. 상호 작용의 고리가 끊겼다면 아픔이 지속되고 있다고 보아야 할 이유는 전혀 없다. 고통을 느끼려면 이 특수한 물질이 반드시 있어야만 하는 것일까? 전혀 다른 방식의 열쇠와 자물쇠로 구성된 계를 지닌 생물도 있을 수 있을까? 그 답은 이런 물질의 본래적 속성보다는 지구에서 일어난 진화의 역사적 과정에 의해 결정된다. 문어의 예는 생물의 화학 구성에 어떤 편차가 있고 기능적으로 어떤 차이가 존재하는가에 주목할 필요가 있지만 그런 사실이 그 자체로 감지력에 관한 우리의 질문에 답을 주리라고 기대해서는 안 된다는 것을 말해 준다.

이 상호 작용의 고리가 가진 다른 특징은 무엇인가? 한 아픔의 체계는 얼마나 초보 단계까지 내려갈 수 있으며 그런 초보 단계에서도 감지력이 있다고 볼 수 있는가? 여기에 영향을 미치는 요소는 무엇이며 그 이유는 무엇인가? 예를 들어 다리가 부러진 두꺼비가 있다고 하자. 이 두꺼비는 아픔을 느끼는 감지력이 있는 존재인가? 두꺼비는 몸의 한 부위에 입은 부상 때문에 정상 생활을 하기 어렵게 되었다. 더욱이 두꺼비는 강력한 부정적 강화의 잠재력을 지닌 상태에 있다. 신경계가 그런 상태를 피하는 쪽으로 두꺼비의 신경계는 쉽게 조건 형성된다. 그것은 뛰어오르려는 두꺼비의 성향을 어떤 식으로든 좌절시키는 상호 작용의 고리를 통해서 유지된다. 물론 위기 상황에서 두꺼비는 어떻게든 뛰어오를 것이다. 이 모든 것을 우리는 아픔으로 이해하기 쉽다. 나아가서는 두꺼비에게 독백의 능력을 부여하여 두꺼비가 그런 위기 상황에 놓일까 봐 두려워하고 휴식을 갈망하며 자신의 상대적 취약성을 한탄하고 그런 참사를 낳은 자신의 어리석은 행동을 후회한다고 말하고 싶은 유혹도 느낀다. 그러나 우리가 두꺼비에 대해 알고 있는 어떤 지식도 이 부수적 현상들을 정당화하지 못한다. 오히려 두꺼비에 대해 알면 알수록 두꺼비의 신경계는 그런 사치스러운 반성 능력 없이도 목숨을 부지할 수 있도록 설계되어 있다는 확신을 갖게 된다.

그래서 어떻단 말인가? 감지력이 고상한 지적 능력과 무슨 상관이 있단 말인가? 좋은 질문이다. 이 질문에 답할 생각을 해야지 이 질문을 탐구를 샛길로 빠지게 만드는 수사학적 궤변으로 악용해서는 안 된다. 질문을 어떻게 던지느냐에 따라 결과가 엄청나게 달라질 수 있다는 사실을 잊어서는 안 된다. 자칫 잘못하면 허깨비 같은 문제에 속아 넘어가 씨름을 벌일지도 모르기 때문이다. 왜 그런 일이 생기는가? 뺄셈과 덧셈의 과정에서 우리가 어디에 서 있는지를 망각하기 때문에 그런 일이 생긴다. 처음에 우리는 X, 곧 단순한 감응력과 진정한 감지력을 가르는 특수한 구성 요소를 찾아 나선다. 우리는 두 방향으로 작업을 시작한다. 먼저 위로 올라가는 방식이다. 단순한 사례에서 출발하여 개별 특징의 기초적 변형을 추가하는 방식인데 여기서 우리는 별로 재미를 못 본다. 하나하나의 능력에는 감지력의 본질적 성분인 듯한 요소가 있어 보이지만 감지력은 그 이상의 차원을 요구하기 때문이다. 감지력이 없는 로봇도 웬만한 능력은 다 보여 준다! 또 하나는 밑으로 내려가는 방식이다. 이것은 사람의 풍요롭고 복잡한 경험에서 출발하는 방식이다. 이때 우리는 사람이 하는 경험의 특성 가운데 일부가 다른 생물에서는 명백히 빠져 있음을 확인하고는 그런 특성을 비본질적이라고 여기고 빼 버린다. 동물 사촌들에게 공정해지고 싶은 것이다. 그래서 우리는 엄청난 아픔에 대해서 생각할 때 떠오르는 내용의 상당 부분은 인간을 닮은 형상을 상상하는 데서 오는 것이므로 말 그대로 어디까지나 부산물일 따름이지 감지력이라는 현상(그리고 윤리적으로 감지력의 가장 중요한 증거라 할 고통)의 '본질적' 요소는 아니라는 결론을 내릴 수 있다. 이 두 척의 배가 야간 항해를 할 때 놓치기 쉬운 것은 한쪽 배가 찾는 것을 다른 쪽에서는 빼 버릴지도 모른다는 가능성이다. 만약 우리가 실제로 그런 실수를 범한다면 아직 X(감지력의 '누락된 이음쇠')와 조우하지 못했다는 우리의 확신은 자기 기만적 착각이 될 것이다.

지금 우리가 이런 종류의 실수를 저지르고 있다고 말하려는 것은 아니다. 그런 실수를 저지를 개연성이 높다는 사실을 말하고 싶을 뿐이다. 지금으로서는 이 정도의 지적으로 충분하다고 본다. 증명의 부담을 어느 쪽으로 옮기느냐의 차이이기 때문이다. 여기서 감지력의 문제에 관한 보수적 가설이 등장한다. 그런 특별한 현상은 존재하지 않는다는 것이다. '감지력'은 가장 단순하고 가장 '로봇'에 가까운 것부터 가장 예민하며 엄청나게 섬세한 '인간'의 차원에 이르기까지 상상할 수 있는 모든 등급과 강도로 등장한다. 1장에서 보았듯이 우리는 여러 가닥이 꼬인 이 사례들의 연속체 어딘가에 선을 그어야 한다. 윤리 기준을 정하기 위해서는 그럴 수밖에 없기 때문이다. 그렇지만 그런 문턱(경사로에서 윤리적으로 요청되는 '계단')을 우리가 발견한다는 것은 실현 가능성이 거의 없을 뿐 아니라 윤리적 호소력도 없다.

여기서 다시 한번 두꺼비의 예를 들겠다. 두꺼비는 그 경계선이쪽에 있는가, 아니면 저쪽에 있는가?(두꺼비가 너무나 분명하게 이쪽이나 저쪽 어느 곳에 위치하는 것처럼 보인다면 불확실한 경계 영역에 놓인 것으로 보이는 다른 동물을 택해도 좋다. 개미도 좋고 해파리도 좋고 비둘기도 좋고 쥐도 좋다.) 두꺼비에게는 최소한의 진정한 감지력이 있고 두꺼비의 '아픔'은 실재하며 그것은 체험되는 고통이라는 사실을 '과학이 확증한다.'고 가정하자. 두꺼비는 이제 감지력을 지닌 존재를 위해 마련된 특별 대우를 받을 자격을 갖췄다. 이번에는 일단 우리가 X가 무엇인지를 알아냈는데 두꺼비에게 그 X가 없는 것으로 드러났다고 가정하자. 이 경우 두꺼비의 위치는 '단순한 자동 기계'로 떨어지며 우리는 양심의 가책을 느끼지 않으면서 상상할 수 있는 모든 방법으로 두꺼비를 괴롭힐 수 있다. 우리가 두꺼비에 대해 이미 아는 내용에 비추어 볼 때 지금까지는 몰랐지만 그것의 발견이 우리의 태도를 엄청나게 바꿀 수 있는 그런 특성이 존재할 수 있다는 논리에 설득력이 있을까? 물론 있다. 만일 두꺼비가 동화 속에 나오는 왕자처럼 사실은 두꺼비의 몸에 갇힌 작은 사람이라는 사실을 우리가 알아낸다면 말이다. 그렇게 되면 우리는 어쩔 줄 몰라 할 것이다. 내색은 안 했지만 두꺼비가 너무나 힘겨워 보이는 무수한 고통과 괴로움을 묵묵히 견뎌 왔기 때문이다. 그렇지만 우리는 두꺼비가 그런 존재가 아니라는 것을 알고 있다. 그래서 우리는 갇힌 왕자하고는 거리가 멀지만 두꺼비의 살갗 안에 윤리적 파급력이 있는 모종의 X가 있다고 상상하도록 다시 요구받는다. 또한 두꺼비는 단순한 태엽 장난감이 아니며 다음 세대의 두꺼비를 낳는 운명적 과업을 수행하는 과정에서 놀라우리만큼 다양한 자기 보호 활동을 펼칠 수 있는 대단히 복잡한 생물이라는 사실도 안다. 이것만으로도 우리 쪽에서 특별한 배려를 해야 할 충분한 이유가 되지 않을까? 생물의 자기 보호 활동은 정교한 제어 구조와는 아주 거리가 멀지만 그럼에도 불구하고 그것을 발견했을 때 윤리 의식에 영향을 미치는 모종의 X가 존재한다고 상상하도록 우리에게 요구한다. 우리는 이제 환상을 넘어서야 한다. 환상 너머에서 무엇이 나타나는가를 알아보기 위해 탐구를 계속해 나가기로 하자. 우리는 아직도 사람의 마음에서 멀리 떨어져 있기 때문이다.

주광성에서 형이상학으로

일단 포퍼 생물(내부 환경에서 사전 선택을 할 수 있는 잠재력을 지닌 뇌를 가진 생물)에 도달한 다음에는 무엇이 있을까? 다양한 갈래가 있지만 여기서는 그 위력을 가장 명확히 볼 수 있는 특수한 혁신에 집중해 보자. 포퍼 생물의 후예 중에는 내부 환경이 외부 환경의 '설계'된 부분에 따라 형성되는 생물이 있다. 다윈의 근본적 통찰 가운데 하나는 설계에는 많은 비용이 들지만 설계를 모방하는 데에는 별다른 비용이 들지 않는다는 것이다. 하나부터 열까지 새로운 설계를 내놓기는 어렵지만 낡은 설계를 보완하는 것은 상대적으로 쉽다는 뜻이다. 바퀴를 새롭게 발명할 수 있는 사람은 극소수일 것이다. 그렇지만 우리는 그럴 필요성을 느끼지 않는다. 우리가 살고 있는 문화는 이미 바퀴의 설계도(그리고 어마어마하게 많은 다양한 설계도들)를 가지고 있기 때문이다. 이런 다윈 생물의 상층-상층-상층 집단을 '그레고리 생물'이라고 부르기로 하자. 이런 이름을 붙인 것은 현명한 행동을 선택할 때 정보가 차지하는 역할을 탁월하게 이론화한 주인공이 바로 영국의 심리학자 리처드 그레고리(Richard Greaory)이기 때문이다(그레고리는 영리한 행동을 '운동 지능'이라고 불렀다.). 그레고리에 따르면 훌륭하게 설계된 인공물의 하나라 할 수 있는 가위는 단순히 지능의 소산일 뿐 아니라 직접적이고 직관적인 의미에서 지능(외부의 잠재적 지능)을 부여하는 역할도 맡는다. 내가 다른 사람에게 가위를 건네줄 때 나는 그 사람이 현명한 행동에 더 빠르고 안전하게 이를 수 있는 가능성을 높여 준다.

　인류학자들은 도구의 사용이 지능을 비약적으로 향상시켰다는 사실을 오래전부터 알았다. 야생 침팬지는 투박하게 손질한 가느다란 막대기를 땅 속에 있는 흰개미의 집에 쑤셔 넣었다가 재빨리 빼내 거기에 달라붙은 흰개미를 핥아먹는다. 모든 침팬지가 이런 기술을 터득한 것은 아니라는 점에서 이런 사실은 새로운 의미로 다가온다. 어떤 침팬지 '문화'는 이렇게 흰개미를 잡는 요령을 모른다. 이것은 도구의 사용과 지능의 관계가 쌍방향적임을 시사한다. 도구를 인식하고 유지하는 데(도구를 만드는 것은 말할 것도 없고)에는 지능이 필요하지만 한편으로 도구는 도구를 갖게 되었다는 혜택을 입은 존재의 지능을 높여 준다. 탁월하게 설계된 도구일수록(그 도구를 만드는 데 더 많은 정보가 필요할수록) 그것을 사용하는 존재에게 더 많은 지능을 선사할 가능성이 높아진다. 그중에서도 가장 탁월한 도구라 할 수 있는 것이 그레고리가 '마음의 도구'라고 부르는 언어다 그림 4.

　언어를 비롯한 갖가지 마음의 도구들은 그레고리 생물로 하여금 더 정교한 행동을 생산하고 그것을 더 정밀하게 검증할 수 있게 해 준다. 스키너 생물은 "다음에는 무얼 해야 하지?"라고 자문하지만 강한 충격이 닥치기 전에는 그 물음에 어떻게 답해야 할지 감을 잡지 못한다. 포퍼 생물은 "다음에는 무얼 해야 하지?"라고 묻기 전에 "다음에는 무얼 생각해야 하지?"라고 자문한다는 점에서 그보다는 진일보했다(스키너 생물도 포퍼 생물도 사실은 꼭 이런 식으로 말하거나 생각할 필요가 있는 것은 아니라는 사실을 밝혀 두고 싶다. 그들은 마치 이런 질문을 자문하는 것처럼 보이게 움직이도록 설계되었을 뿐이다. 여기서 우리는 지향적 자세의 강점과 허점을 동시에 본다. 포퍼 생물이 스키너 생물보다 더 영리한

그림 4
그레고리 생물. 그레고리 생물은 (문화적) 환경으로부터 마음의 도구를 받아들인다. 마음의 도구는 그것의 창안자와 사용자를 모두 향상시킨다.

까닭은, 말하자면 속임수가 더 뛰어난 까닭은 더 많은 양질의 정보에 적절히 반응할 줄 알기 때문이다. 그래서 우리는 지향적 자세로 이 가공의 독백을 그런 대로 생생하게 묘사할 수 있는 것이다. 하지만 인간이 자문하는 것을 생각해, 그런 질문과 답변을 실제로 정식화하는 능력에 수반되는 모든 세세한 특성이 이런 생물에게 있다고 보는 것은 잘못이다.). 그레고리 생물은 인간 수준의 정신 능력에 껑충 다가섰으며 다른 존재들이 발명하고 개선하고 전수한 마음의 도구에 담겨 있는 지혜를 활용함으로써 타인의 경험에서 이익을 얻는다. 그렇게 해서 그들은 다음에 무엇을 할지 더 잘 생각하는 요령을 배우며 이 과정이 반복되면서 내면에 식별 가능한 고정된 한계선이 없는 반성의 탑을 쌓아 올린다. 그레고리 생물의 단계가 이렇게 탄생한 것을 이해하려면 가장 인간적인 정신 능력을 낳는 데 밑바탕이 된 조상들의 능력으로 되돌아가야 한다.

생물이 가진 생명력을 보여 주는 데 가장 많이 쓰이는 예가 바로 주광성(走光性)이다. 주광성은 빛과 어둠을 구분하여 빛을 쫓는 능력이다. 빛은 에너지 변환이 용이하며 그 세기는 거리가 멀어짐에 따라 점점 줄어들므로 광원에서 방출된 빛의 경로만 설정되면 변환기와 실행기 사이의 아주 간단한 연결만으로도 신뢰할 만한 주광성을 만들어 낼 수 있다. 신경과학자 발렌티노 브라이텐베르크(Valentino Braitenberg)의 뛰어난 저서 『운반체(*Vehicles*)』에서 나온 가장 단순한 모델을 소개한다 그림 5. 이 모델에는 두 개의 빛 변환기가 있다. 두 변환기의 각각 다른 출력 신호는 두 개의 실행기로 엇갈려 입력된다(실행기를 배의 양옆에 달린 엔진으로 생각하면 된다.). 빛이 더 많이 변환될수록 엔진의 속도도 올라간다. 광원에서 가까운 변환기는 광원에서 먼 변환기보다 엔진을 더 빨리 돌리므로 운반체는 늘 빛의 방향으로 움직인다. 그래서 궁극적으로는 광원에 가 닿든가 아니면 광원 주위로 바짝 붙어 선회한다.

이런 단순한 존재의 세계는 빛, 어스름, 어둠으로 등급이 나뉜다. 이 체계는 이것밖에 모르며 이 이상을 알 필요도 없다. 빛의 인식은 거의 자동으로 이루어진다. 변환기를 밝히는 것은 모두 같은 빛이다. 이 체계는 그 빛이 먼저 비췄다가 되돌아온 빛인지에 관심을 두지 않는다. 만약에 달이 두 개라면 생태학적으로 차이가 있을 수 있다. 어떤 달을 쫓아야 할지 선택해야 하기 때문이다. 이 경우 특정한 달을 달로 인식하거나 확인하는 것은 해결이 필요한 또 하나의 문제로 등장할 것이다. 그런 세계에서는 단순한 주광성의 전략만으로는 충분하지 않을 것이다. 그러나 우리가 사는 세계에서 달은 거듭 그 동일성을 확인해야 하는 대상이 아니다. 반면에

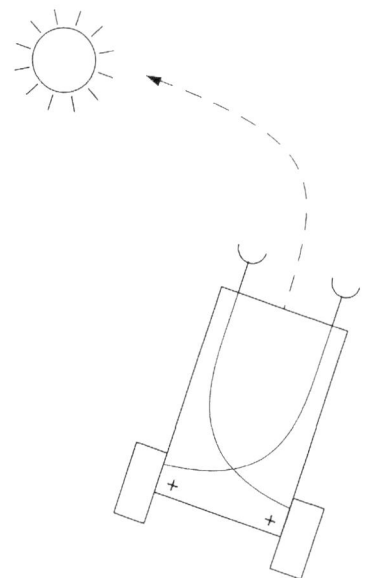

그림 5
발렌티노 브라이텐베르크의 주광성 모형.

어미는 그런 대상이다.

주모성(走母性), 곧 어미에게 다가서려는 성향은 주광성보다는 훨씬 복잡한 능력이다. 만일 어미가 밝은 빛을 내뿜는다면 주광성으로 충분하겠지만 근처에 동일한 체계를 활용하는 다른 어미들이 있다면 곤란하다. 만일 한 어미가 다른 모든 어미가 내뿜는 빛과는 구별되는 특정한 파란빛을 방출한다면 파란빛만 제외하고 모두 걸러 내는 빛 변환기의 여과 장치는 어미를 확인하는 임무를 넉넉히 수행할 수 있을 것이다. 자연은 이와 비슷한 원리에 의존할 때도 있지만 이보다는 에너지 효율이 훨씬 좋은 매질을 활용한다. 그래서 어미는 어떤 냄새와도 구별되는 신호 냄새를 내뿜는다. 그리고 주모성은 냄새 변환기, 곧 후각에 의해 처리된다. 냄새의 강도는 공기나 물 같은 주변 매질로 전파되는 분자 열쇠의 농도에 비례한다. 그러므로 변환기는 적절한 모양을 가진 자물쇠며 브라이텐베르크의 운반체와 동일한 원리를 활용하여 분자의 농도를 따라간다. 후각 신호는 원시적이지만 그 위력은 막강하다. 사람의 경우 수천 가지의 각종 기제가 포개져 있지만 밑바탕에 깔린 후각 기제는 여전히 두드러진다. 그래서 제아무리 고상한 사람이라도, 마르셀 프루스트(Marcel Proust)가 탁월하게 묘사한 것처럼 영문도 모른 채 냄새에 도취되는 것이다.●

과학 기술은 이와 똑같은 설계 원리를 다른 매질 속에서 구현한다. 자체 동력으로 움직이는 EPIRB(Emergency Position Indicating Radio Beacon, 긴급 위치 표시 무선 발신 장치)는 특정한 주파수로 특정한 신호를 반복 송출하는 무선 송신 장비다. 선구상(船具商)에서 구입하여 요트에 간난히 상착할 수 있다. 항해를 하다가 위급한 상황에 놓였을 때 사람들은 이것을 켠다. 그러면 곧바로 전 세계를 겨누는 추적 시스템이 그 EPIRB 신호를 탐지하여 전자 지도 위에 깜빡이는 불빛으로 위치를 표시한다. 추적 시스템은 또 방대한 신호에서 해당 신호의 고유 주파수를 찾아내 그 배의 정체를 알아낸다. 정체가 확인되면 탐색과 구조가 한결 쉽다. 여분의 정보가 주어지기 때문이다. 무선 수신기(변환기)로 위치는 대략 파악되지만 거리가 가까워졌을 때에는 구조대가 찾는 대상이 검은 트롤 어선인지 작은 암록색 요트인지 주황색 고무 보트인지를 아는 것이 상당한 도움이 된다. 다른 감각 시스템의 도움까지 받으면 최종 접근은 더욱 빠르게 이루어지며 (가령 EPIRB의 전지가 나간다 하더라도) 수색이 난관에 부딪칠 가능성도 크게 줄어든다. 냄새 추적이 동물이 활용하는

● 냄새는 비단 식별 신호로만 쓰이는 것은 아니다. 냄새는 짝을 유혹하거나 심지어는 경쟁자의 성적 활동이나 성숙을 억누르는 데에도 강력한 역할을 한다. 후각 세포로부터 들어온 신호는 시상(視床)을 우회하여 뇌의 나머지 부위로 곧장 전달되므로, 시각, 청각, 촉각에서 일어나는 신호와는 달리, 후각 명령은 복잡한 중간 단계를 거치지 않고 원시적 제어 중추로 바로 간다. 어떤 냄새가 우리에게 뿌리치기 어려운, 거의 최면에 가까운 영향력을 발휘하는 현상은 이러한 직접적 경로의 존재로 설명할 수 있다.

유일한 주모성의 매질은 아니다. 동물행동학자 콘라트 로렌츠(Konrad Lorenz)가 거위와 오리 새끼에 대한 선구적인 '각인' 연구에서 입증했듯이 시각 신호와 청각 신호도 중요한 역할을 한다. 태어난 직후에 진짜 어미가 주는 신호가 각인되지 못한 어린 새끼는 처음 눈앞에 보이는 움직이는 커다란 대상을 어미로 알고 졸졸 따라다닌다.

발신기(그리고 그것과 짝을 이루는 수신기)는 한 개체가 특정한 대상(대개는 어미 같은 또 다른 개체)을 장기간에 걸쳐 추적할 필요가 있을 때 더없이 요긴하고 훌륭한 설계 전략이다. 표적에 미리 발신기만 심어 두면 그 다음부터는 표적이 어디로 이동하든 걱정할 필요가 없다(차 안에 숨겨 두었다가 차를 잃어버렸을 때 작동시키는 차량 도난 방지용 무선 발신 장치가 좋은 예다.). 그러나 여기에는 그만한 희생도 따른다. 좋은 예가 우군만이 아니라 적군도 동일한 추적 기제를 이용하여 표적을 찾아낼 수 있다는 사실이다. 가령 맹수는 어미를 찾아 나선 새끼가 이용하는 것과 동일한 후각, 청각 회로에 예민하게 반응할 줄 안다.

냄새와 소리는 방출자가 쉽게 통제하기 어려운 방식으로 퍼져 나간다. 에너지 효율이 높으면서도 선택적으로 작용하는 무선 발신 효과를 얻으려면 어미의 몸에 파란 반점을 만드는 것 같은 시각적 방법을 병용하면 된다. 반점은 특정한 구역에서만 태양빛에 반사되어 드러나며 어미가 그늘로 들어가면 금세 사라진다. 새끼는 파란 반점이 보이면 무조건 그것을 따라다닌다. 그러나 이런 장치는 더욱 정교한 빛 감지 기제에 대한 투자를 요구한다. 가령 한 쌍의 감광 세포(광세포)만으로는 충분하지 않고 초보적 단계의 눈이 있어야 한다. 생태학적으로 아주 특별하고 중요한 대상(가령 어미)과 안정적으로 긴밀한 접촉을 유지하는 능력이 이런 대상을 지속적 실체로서 이해할 수 있는 능력을 반드시 전제하지는 않는다. 앞에서 살펴보았듯이 신뢰할 만한 주모성은 간단한 트릭 몇 가지로도 충분히 확보할 수 있다. 단순한 환경에서는 그런 전략이 견고하게 유지된다. 하지만 간단한 시스템을 갖춘 생물은 의외로 쉽게 속아 넘어가기도 한다. 그리고 일단 속아 넘어가면 자신이 속았다는 사실도 깨닫지 못하고 불행의 나락으로 빠져든다. 이 시스템은 자신이 성공했는지를 판단하거나 어떤 조건에서 성공하거나 실패할 수 있는지를 반추할 수 있는 능력을 가질 필요가 없다. 그런 반추 능력은 나중에 부가된 (사치스러운) 기능이다.

 공조 추적, 곧 표적이 편리한 발신기가 있어 추적자의 고생을 덜어 주는 추적 방식이 발전하면 경쟁 추적으로 나아간다. 경쟁 추적에서는 표적이 특이하지 않은 신호를 내보낼 뿐만 아니라 적극적으로 숨으려고 노력하여 추적을 어렵게 만든다. 먹이가 되는 동물의 이런 전략에 맞서 맹수는 그 동물이 가진 모든 특성을 일종의 발신기로 파악하도록 설계된 범용 추적 시스템을 발전시킨다. 맹수 안의 특성 감지기들이 요란하게 떠들어 대면서 그때그때 만들어 내는 이 '탐색상'은 표적의 신호를 순간순간 확인하는 데 쓰인다. 표적이 변하면 탐색상도 수정되고 보완된다. 이런 과정을 거치면서 목표로 설정된 대상이 맹수의 과녁에 지속적으로 붙잡혀 있게 된다.

이런 다양한 추적 방식은 표적의 분류를 전제로 하지 않는다. 가지런히 늘어서서 화소(畵素)의 변화하는 양태에 반응하는 몇백 개의 광세포로 이루어진 원시 눈을 보자. 원시 눈의 화소는 자기한테 꽂히는 빛에는 무조건 반응한다. 이런 체계는 다음과 같은 종류의 메시지를 쉽게 전할 수 있다. "화소들의 반응을 야기한 모종의 X가 지금 막 오른쪽으로 움직였다." (이렇게 많은 단어로 된 메시지를 전할 필요는 없다. 그 체계 안에서는 말도 기호도 필요 없다.) 따라서 이런 체계가 벌이는 유일한 확인 활동은 추적하는 모종의 대상에 대한 순간

순간의 저급한, 혹은 최소한의 재확인 작업이다. 하지만 이 경우에도 어느 정도의 변화와 가변성은 허용된다. 웬만큼 안정된 배경을 바탕으로 서서히 바뀌는 화소 뭉치는 그 변화의 속도가 지나치게 빠르지 않은 한 모양이 달라져도 여전히 추적할 수 있다(동일한 물체가 연속적으로 위치를 바꾸어 나타나면 시각계가 이를 움직임으로 해석한다는 파이 현상(phi phenomenon, 연속 사진처럼 사람들에게 약간씩 다른 사진을 연속적으로 보여 주면 움직임을 지각하게 된다. 이것을 파이 현상이라고 한다.—옮긴이)은 우리의 시각계에 이런 회로가 내장되어 있음을 잘 보여 준다.).

만일 X가 나무 뒤로 잠시 모습을 감추었다면 어떤 일이 벌어질까? 가장 단순한 해결 방안은 가장 최근의 탐색상을 유지하면서, 잠정적 발신기가 다시 나타나 그것을 발견할 수 있으리라는 희망을 가지고 이리저리 주위를 둘러보는 것이다. 탐색상을 잠정적 발신기가 다시 나타날 가능성이 가장 높은 곳에 겨누면 승산은 높아진다. 뿐만 아니라 그 발신기의 과거 궤적을 바탕으로 그 직선 거리상의 어느 지점을 겨눈다 하더라도 동전 던지기로 알아맞히는 것보다는 높은 확률을 기대할 수 있다. 이것이 현존하지는 않지만 합리적으로 기대할 수 있는 표적을 향해 지향성의 화살이 어떤 방식으로 겨누어지는가를 명백히 보여 주는 가장 단순하면서도 폭넓게 활용되고 있는 미래 예측 전략이다.

고도의 지각 단계에 올라서려면 다른 대상과의 '끈을 놓지 않는'(가급적 문자 그대로의 접촉을 유지할 수 있는) 능력이 있어야 한다. 특정한 개인이나 대상을 시각적으로 확인하는 것은 그 대상의 상(像)이 고해상도를 가진 망막의 중심와에 상당 시간 동안 비추지 않으면 불가능하다. 인식욕을 가진 극소 행위자들이 신호를 흡수하여 조직화하는 데에는 어느 정도의 시간이 필요하다. 그러므로 특정한 대상(내가 지금 시각적으로 찾고 있는 것이 무엇이든)에 관한 정보의 초점을 이런 식으로 유지하는 것은 그 대상을 발전적으로 기술(記述)하기 위한 전제 조건이라 할 수 있다.•

추적하는 대상과의 접촉을 유지하거나 잃어버린 접촉을 복원할 가능성을 가장 높이는 길은 각자 오류의 가능성은 있지만 중복되는 활동 영역을 가진 복수의 독립된 체계들에 의존하는 것이다. 하나의 체계가 옆길로 빠지면 다른 체계가 나서서 추적을 순조롭게 진행시키는 전략이다.

이 복수의 체계들은 어떻게 연결되는가? 무수히 많은 가능성이 있다. 만일 두 개의 감각계가 존재한다면 그 둘은 AND 스위치로 이어질 수 있다. 개체가 긍정적 반응을 내놓기 위해서는 두 감각계의 출력이 모두 ON을 나타내야 한다(AND 스위치는 어떤 매질에서도 통용된다. 그것은 사물이 아니라 조직 원리다. 보안 금고를 열거나 핵미사일을 발사하는 데 필요한 두 개의 열쇠는 AND 스위치로 연결된다. 정원의 수도꼭지에 고무호스의 한쪽 끝을 꽂고 다른 쪽 끝에 분출구를 꽂았을 때에도 이 ON-OFF 밸브들은 AND 스위치로 연결되어 있다. 물이 방출되려면 두 개의 밸브가 모두 열려야 한다.). 그런가 하면 두 감각계를 OR 스위치로도 연결할 수 있다. A나 B 어느 한쪽(혹은 둘 다)만 열리면 개체는 긍정적 반응을 내놓는다. OR 스위치는 커다란 체계 안에 여분의 하위계 또는 비상 하위계를 포함시킬 때 사용된다. 어떤 단위에 고장이 생겨도 여분의 단위가 벌이는 활동만으로도 계가 무리 없이 돌아가게 하자는 발상

● 이처럼 추적이 기술(記述)에 선행한다는 사실은 믿음에, 대상을 어떤 식으로든 '직접적으로' 겨누는 믿음과, 구체적 기술(자연 언어건 모종의 '사고 언어' 건 간에)의 매개를 통해서만 대상을 겨누는 믿음, 이 두 종류의 믿음이 있다는 한물간 철학적 주장에도 일말의 진실이 담겨 있음을 보여 준다. 두 믿음의 차이는 "톰(바로 저기에 있는 저 사내)이 남자라고 믿는 것"과 "이 익명의 편지를 나에게 보낸 사람은 아무튼 남자라고 믿는 것"을 대비할 때 잘 드러난다. 전자에 담겨 있는 지향성은 어떤 식으로든 더 직접적으로, 대상에 더 원초적인 방식으로 달라붙어 있는 것으로 여겨진다. 그러나 우리는 가장 직접적이며 원초적인 지각 추적의 사례에서도 이런 가장 직접적인 지시 유형을 매개하는 구조의 특성을 도출하기 위해 후자의 양식(지금 조사되고 있는 x 화소 뭉치의 원인이 되는 모종의 x가 방금 오른쪽으로 뛰었다.)으로 건너뛸 수 있다. 이 두 가지 믿음의 차이는 현상적 차이가 아니라 발화자의 관점이나 강조점에서 나타나는 차이다. 더 자세한 내용은 내 책 『믿음을 넘어서(Beyond Belief)』(1982)를 참조하라.

이다. 비행기에 달린 두 개의 엔진은 OR 스위치로 연결되어 있다. 엔진 두 개가 모두 가동되는 것이 이상적이지만 위기 상황에서는 하나의 엔진만으로도 무사히 비행할 수 있다.

체계의 수가 늘어날수록 그것을 잇는 방식도 늘어난다. 가령 A가 ON이고 B나 C 중 하나가 ON일 때 그 체계가 긍정적 반응을 내놓도록 설계할 수 있다. 이때 만약 A가 ON이 아니면 B와 C가 모두 ON이어야 체계가 긍정적 반응을 내놓게 할 수 있다(이것은 세 개의 체계를 다수결의 원리로 연결하자는 발상에 다름 아니다. 다수가 ON이면 그 계는 긍정적으로 반응한다.). 체계들을 AND 스위치와 OR 스위치로 연결할 수 있는 모든 가능성을 일컬어 그 체계의 불 함수(Boolean function)라고 부른다. 이 가능성의 총체는 19세기 영국의 수학자 조지 불(George Boole)이 최초로 정식화한 논리 연산자 AND, OR, NOT으로 정확하게 기술할 수 있다. 그러나 체계들의 효과가 뒤섞이는 비(非)불 방식도 존재한다. 모든 참여자를 중앙 투표소로 불러들여 각자에게 한 표(YES나 NO, ON이나 OFF)씩 행사하게 한 다음 행동에 대한 그들의 기여도를 취약할 수밖에 없는 단일한 결정점(모든 불 접속의 총합)으로 모으는 방식 대신, 체계 하나하나가 행동과 늘 가변적이며 독립적인 연결을 유지하도록 허용하고 세계가 그 모든 활동의

산물로서 하나의 행동을 끌어내도록 하는 방식이 있을 수 있다. 두 개의 엇갈린 빛 변환기를 지닌 발렌티노 브라이텐베르크의 운반체는 그 원리를 가장 극명하게 보여 준다. 오른쪽으로 틀 것이냐 왼쪽으로 틀 것이냐는 두 엔진의 상대적 기여도가 결정한다. 그 결과는 결코 변환기 하나하나를 독립 변수로 파악할 수밖에 없는 불 함수로는 표현되지 않는다(원리적으로 그런 시스템의 입출력 행동은 성분들을 적절하게 분석해 불 함수로 상당 수준 표현할 수 있지만 그런 까다로운 분석은 관계의 중요한 양상을 드러내는 데에는 실패한다. 예를 들어 날씨를 불 시스템으로 파악하는 것은 원리적으로는 가능하지만 현실성이 적고 별다른 정보도 주지 못한다.).

하나의 유기체 안에 그런 회로를 수십, 수백, 수천 개 설치해 놓으면 생각을 하는 듯한 특정한 기제가 전혀 없어도 복잡한 생명 보전 활동을 안정적으로 수행할 수 있다. 마치 결정을 내리는 듯한, 마치 알아보는 듯한, 마치 숨고 찾아다니는 듯한 활동이 무수히 생긴다. 뿐만 아니라 그런 회로로 무장된 유기체가 '실수를 범하는' 경우도 무수히 많아진다. 그러나 이런 실수들은 어떤 잘못된 명제를 만든 뒤 그것을 진실로 간주했기 때문에 생긴 것이 아니다.

이런 구조는 어느 정도의 융통성을 가지고 있을까? 얼른 답하기 어렵다. 연구자들은 최근 벌레나 무척추동물처럼 비교적 단순한 생명체에서 확인한 행동 양태를 놀라울 정도로 가깝게 재현하는 인공 제어계를 고안하여 실험적으로 가동했다. 아직은 필요한 수준의 복잡성을 지닌 체계를 어떻게 설계해야 할지 모르지만 이 연구를 통해 생명체의 엄청나게 복잡하지만 정형화된 모든 행동을 인공 제어계를 통해 조율할 수 있다는 믿음을 갖게 되었다. 뇌에 겨우 수백 개의 신경 세포밖에 없는 곤충도 그것을 가지고 세계와 아주 정교한 상호 작용을 벌이지 않는가! 여기서 진화 생물학자 로버트 트리버스(Robert Trivers)의 견해를 들어 보자.

> 버섯을 기르는 개미는 농부다. 일개미는 잎을 자르고 자른 잎을 집으로 옮긴 다음 그것을 손질하여 버섯을 심는다. 자신의 분비물로 버섯을 발효시키고 버섯의 경쟁자를 밖으로 실어 날라 솎아 내어 결국 버섯의 특수한 부위를 수확하여 먹이로 삼는다.(Trivers, 1985, 172쪽)

물고기와 새의 경우 오랜 시간에 걸쳐서 섬세하게 분절된 단계로 이루어지는 짝짓기와 새끼 돌보기 의식이 있다. 각 단계에는 충족되어야 할 감각적 요구 조건이 있으며 그것이 충족되면 각종 장애물을 헤치고 다음 단계로 나아간다. 이 미묘한 전략이 어떻게 통제되고 있을까? 생물학자들은 확인할 수 있는 정보원에 변화를 주는 까다로운 실험을 통해서 생명체가 단서로 활용하는 환경 안의 조건을 다수 밝혀냈다. 그러나 유기체가 어떤 정보를 골라잡는지를 충분히 알기에는 아직 미흡한 점이 많다. 그 다음으로 어려운 작업은 생물의 작은 뇌가 정보에 대한 이 유익한 감응력을 선용할 수 있도록 어떻게 설계되었는가를 파악하는 일이다.

만일 우리가 물고기나 게, 또는 그와 비슷한 계열에 속하는 생물이고 우리의 임무가 자갈을 바다 밑바닥에 쌓아 집을 짓는 것이라면 우리에게 필요한 것은 자갈을 발견하는 장치와 발견한 자갈을 적절한 장소로 가져가서 부릴 수 있도록 집을 찾아가는 능력이다. 우리가 먹이를 구하러 간 사이에 가짜 집이 우리 집 대신 들어섰을 가능성은 (영리한 인간 실험자가 우리에게 관심을 둔다면 모를까) 거의 없으므로 재확인의 기준을 아주 낮게 잡아도 무방하다. 확인 과정에서 착오가 생기더라도 우리는 아마 계속 집을 지을 것이다. 어떤 계략에 휘말려서가 아니다. 우리는 착오가 생겼다는 것을 깨닫거나 헤아릴 능력이 없으므로 그것 때문에 조금도 괴로워하지 않는다. 반면에 만일 우리에게 집을 확인하는 여분의 계가 있고 가짜 집이 그 계의 시험에 통과하지 못할 경우 우리는 갈피를 못 잡고 한 계에 의해 이쪽 방향으로 이끌렸다가 다른 계에 의해 저쪽 방향으로 이끌릴 것이다. 이런 갈등은 실제로 일어나지만 이 유기체가 갈팡질팡하면서 어쩔 줄 모를 때 "지금 이것이 무슨 생각을 하고 있을까? 이 혼란스러운 상태의 명제적 내용은 무엇일까?"라고 묻는 것은 온당치 못하다.

사람과 같은 유기체, 곧 갈등의 발생을 탐지하고 그런 갈등을 중재하려고 시도할 수 있는 자기 감독계를 중층적으로 수없이 지닌 유기체의 경우에는 어떤 실수를 범했는지를 명백히 알 수 있을 때가 있다. 뇌에 손상을 입은 사람한테서 우리는 종종 캡그래스 망상(Capgras delusion)이라는 증상이 나타나는 것을 본다. 캡그래스 망상에 시달리는 환자의 주된 증상은 자기와 가까운 사람(대개는 사랑하는 사람)이 생김새(목소리와 행동거지까지도)가 비슷한 사기꾼으로 뒤바뀌었고 진짜 배우자는 어디론가 사라졌다는 확신에 빠진다는 것이다! 이 믿어지지 않는 현상은 철학 전반에 충격파를 가하고도 남음이 있다. 철학자들은 자신들의 각종 철학 이론을 정당화하기 위해 억지 춘향식의 숱한 예를 만들었기 때문이다. 철학에는 신분을 감추고 암행하는 첩자와 살인자, 고릴라 가죽을 뒤집어 쓴 절친

한 벗. 오래전에 헤어진 일란성 쌍둥이에 관한 별의별 황당무계한 사고 실험이 가득하지만 어떤 철학자도 캡그래스 망상 같은 사례가 현실적으로 일어날 수 있다는 가능성을 언급하지는 못했던 것이다. 이 사례가 특히 놀라운 것은 미묘한 변장이나 순간적인 착각 때문에 생기는 현상이 아니라는 점이다. 이런 망상은 환자가 상대방을 자세히 뜯어보아도, 이래도 나를 못 알아보겠느냐고 상대방이 환자에게 통사정을 해도 사라지지 않는다. 캡그래스 환자는 배우자를 죽이는 것으로 알려져 있다. 생김새만 비슷한 이 무단 침입자가 아무런 권리도 없이 자기의 사생활 공간을 유린하려 한다고 굳게 믿기 때문이다! 이 서글픈 사례에서 문제의 환자는 비동일성의 아주 특수한 명제, 곧 이 남자는 내 남편이 아니다. 다시 말해서 이 남자는 특징적으로는 내 남편을 너무나 빼닮았지만 그래도 내 남편은 아니라는 주장을 철석같이 믿고 있다. 특히 우리의 관심을 끄는 것은 이런 망상에 시달리는 사람이 자신이 왜 그런 확신을 갖는 것인지 제대로 설명하지 못한다는 사실이다.

1994년 생리심리학자 앤드루 영(Andrew Young)은 여기서 어디가 잘못되었는지를 설명하는 독창적이며 그럴듯한 가설을 내놓는다. 그는 캡그래스 망상을 뇌의 손상에서 야기되는 상모실인증

(相貌失認症)이라는 또 하나의 기이한 증상과 비교한다. 이 증상을 앓는 사람은 친숙한 사람의 얼굴을 알아보지 못한다. 시력에는 전혀 문제가 없는데도 목소리를 듣고서야 친구를 가까스로 알아보는 것이다. 대표적인 실험에서는 환자에게 사진을 제시한다. 일부는 익명의 개인 사진이고 나머지는 가족이나 히틀러, 메릴린 먼로, 존 F. 케네디 같은 유명인의 사진이다. 아는 얼굴을 골라내라는 요구를 받으면 환자는 우연적 성취도 이상의 능력을 보여 주지 못한다. 그러나 지난 10여 년 동안 연구자들은 이 충격적이리만큼 형편없는 능력에도 불구하고 상모실인증 환자 안에 있는 무엇인가는 가족이나 유명인의 얼굴을 제대로 알아본다는 결론에 도달했다. 낯익은 얼굴을 볼 때에는 신체적 반응이 다르게 나타났기 때문이었다. 친숙한 얼굴 사진을 보여 주면서 여러 이름을 제시했을 때 여러 이름 중에서 맞는 이름을 듣는 순간 피부의 전기 반응이 확연히 달라졌다(피부 전기 반응은 피부의 전도성을 조사하는 것인데 거짓말 탐지기에서 가장 중시되는 검사가 바로 이것이다.). 앤드루 영을 중심으로 한 연구자들이 이런 결과에서 내린 결론은 얼굴을 알아보기 위해서는 두 개(혹은 그 이상)의 체계가 존재해야 하며 상모실인증 환자의 경우에는 그중 하나가 남아 있다는 것이다. 이 체계는 은밀하게, 대개는

의식되지 않은 상태에서 여전히 기능을 발휘한다. 이제 캡그래스 망상 환자가 이와는 정반대되는 기능 장애를 보인다고 가정하자고 영은 말한다. 표면적으로 드러나는 의식적인 얼굴 확인계(혹은 확인계들)는 제대로 돌아가고 있는 데 비해('사기꾼'이 사랑하는 연인과 똑같이 생겼다는 데 캡그래스 환자들이 동의하는 이유도 여기에 있다.) 보통 때에는 그런 경우에 재차 확인해 주는 역할을 하는 드러나지 않은 체계(혹은 체계들)는 훼손당하여 기분 나쁜 침묵을 지킨다는 것이다. 얼굴을 확인하는 데 필요한 그런 미묘한 체계의 부재는 당혹스러운 결과("무언가가 아니야!")를 낳는다. 그것은 살아남은 시스템이 던진 찬성표에 거부권을 행사하는 것이나 마찬가지다. 그 결과 환자는 지각계에 생긴 오류를 문제 삼기보다는 바깥 세계를 탓한다. 훼손당한 지각계가 우리에게 얼마나 막강한 힘을 발휘할 수 있는지는 까맣게 모른 채 터무니없는 형이상학적 믿음을 고수하려고 든다. 이 특정한 지각계의 인식욕이 충족되지 않을 경우 그 지각계는 다른 지각계가 받아들인 내용을 뒤집어엎는다.

맹목적으로 집을 짓는 게와 어처구니없는 망상에 빠진 캡그래스 환자 사이에는 중간 사례들이 존재한다. 호메로스의 작품에서 20년 동안의 방랑 생활을 끝낸 오디세이가 거지처럼 남루한 옷을 입고 고향 이타카로 돌아왔을 때 옛날에 기르던 개 아르고스는 주인을 알아보고 꼬리를 흔들다가 잠시 후 귀를 축 늘어뜨리고 죽는다(오디세이는 남몰래 울음을 삼킨다.). 게가 자기 집을 지속적으로 확인해야 할 이유가 있듯이 개도 세상의 하고많은 중요한 일 중에서도 특히 주인을 지속적으로 확인해야 할 이유가 있다. 대상을 재확인해야 할 이유가 절박하면 절박할수록 실수를 하지 않았을 때 얻는 유리함이 커지며 자연히 지각 기제와 인지 기제에 더 큰 투자를 해도 투자한 만큼의 비용을 건질 수 있다. 실제로 고도의 학습은 과거의 (재)확인 능력에 의존한다. 간단한 예로 개가 술에 취하지 않은 오디세이를 월요일, 수요일, 금요일에 보았고 술에 취한 오디세이를 토요일에 보았다고 가정하자. 이런 경험의 조합으로부터 논리적으로 도출할 수 있는 결론은 여러 가지가 있다. 술에 취한 사람과 술에 취하지 않은 사람이 있다는 것, 어떤 사람이 어느 날 술에 취하고 어느 날은 술에 취하지 않을 수 있다는 것, 오디세이는 그런 사람이라는 것 등이다. 개가 이 경험에 등장한 사람과 저 경험에 등장한 사람을 동일인으로 재확인할 수 있는 모종의(오류의 가능성은 있지만 신뢰할 만한) 방법을 가지고 있지 않는 한 이 일련의 독립된 경험들로부터 두 번째와 세 번째의 결론을 도출할 수는 없다(자신의 얼굴을 확인하는 별도의 방법을 가지고 있지 않은 한 거울을 보고 자신이 어떻게 생겼는지를 (논리적으로는) 알아낼 수 없다는 기묘한 사실에서 이와 동일한 원리가 더욱 극적으로 적용되는 것을 본다. 그와 같은 독립된 확인 경로가 없다면 사진을 보든 거울을 보든 우리는 스스로의 생김새를 알아차릴 수 없다.).

개는 게보다는 훨씬 풍요롭고 복잡한 행동 세계 안에서 살아간다. 개의 환경에는 속임수와 위장의 가능성도 훨씬 많으므로 그릇된 단서를 제대로 뿌리쳤을 때에 얻는 혜택도 그만큼 많다. 하지만 개의 지각계가 완전무결할 필요는 없다. 만일 개가 어떤 식으로든 확인상의 실수를 저지르면 잘못된 확인의 사례로 보아 넘기면 그만이지 그 개가 명제를 생각할 힘이 있고 그 명제를 믿으며 행동한다는 결론으로 치달을 이유는 없다. 앞에서 언급한 아르고스의 이야기는 감동적이지만 이론을 감상주의의 늪에 빠뜨려서는 곤란하다. 아르고스는 가을 냄새를 좋아하여 해마다 농익은 과일 향기가 코끝에 와 닿으면 기쁨의 반응을 나타낼 수도 있다. 그러나 아르고스가 가을처럼 순환하는 계절과 오디세이처럼 다시 돌아온 개인을 어떤 식으로든 구분할 줄 안다고 믿어야 할 이유는 없다. 아르고스에게 오디세이는 그저 쾌감을 주는 냄새와 소리, 모습과 느낌이 유기적으로 응집된 것에 불과한 것은 아닐까? 오디세이는 불규칙하게 돌아오는 일종의 계절(지난 20년 동안 한 번도 돌아오지 않은 계절)로서 돌아온 것이고, 아르고스의 그 행동들은 그 계절이 오면 아르고스가 자연스럽게 취하는 행동들이 아니었을까? 그것은 대개는 술에 취하지 않은 계절이지만 경우에 따라서는 술에 취하기도 하는 계절이다. 우리는 어디까지나 사람이니까 아르고스가 이 세계에서 성공하느냐의 여부는 사람처럼 개인과 개인을 명확히 구별할 줄 아는 행위자의 행동과 얼마나 비슷하게 처신하느냐에 좌우된다는 사실을 안다. 그러므로 아르고스의 행동을 지향적 자세로 해석할 때 오디세이를 다른 사람들과 구분하는 믿음, 이타카를 다른 장소와 구분하는 믿음 따위가 아르고스에게 있다고 보아야 마땅하다는 점을 깨닫는다. 하지만 아르고스가 이해하는 것처럼 보이는 세계에는 우리처럼 개념의 틀을 가진 사람은 도저히 상상할 수 없으며 사람의 언어로는 도저히 표현하지 못할 틈새가 있다는 사실을 받아들여야만 한다.

애완동물의 지능을 자랑하는 이야기는 몇천 년 전부터 있었다. 고대 그리스의 스토아 철학자 크리시포스(Chrysippos)는 이런 탁월한 분석력을 가진 개를 소개한다. 사냥감을 쫓다가 세 갈래 길 A, B, C가 나타나자 개는 A와 B는 냄새를 맡아 보았지만 C는 냄새도 맡지 않고 무작정 달려갔다. A와 B에서 냄새가 나지 않는 것으로 보아 보나마나 사냥감은 C로 달아났을 거라는 합리적 추론을 내렸던 것이다. 사람들은 자기가 키우는 동물의 똑똑한 면만 부각시키려 하고 그 동물의 능력에서 발견되는 심각한 결함은 숨기려 드는 경향이 있다. 그 개는 확실히 영리하다. 그렇지만 기둥 주위를 빙글빙글 돌다가 꼬여 버린 개 줄을 다시 푸는 요령을 그 개가 과연 알 수 있을까? 시에 담긴 아이러니를 얼마나 날카롭게 파악하는지를 알아보려는 것도 아니요, 비교 관계를 파악할 수 있는지 (만일 A가 B보다 따뜻하고 B가 C보다 따뜻하다 A는 C보다 따뜻한가, 차가운가?) 를 알아보려는 것도 아닌 바에야 이것은 개에게 턱없이 불공정한 지능 시험은 아닐 것이다. 그런데도 그 시험에 합격할 수 있는 개는 설령 있다고 해도 극소수일 것이다. 지능이 높다는 돌고래도 참치 그물에 걸리면 그물만 살짝 뛰어넘으면 도망갈 수 있는데도 불구하고 전혀 그런 시도를 하지 않는다. 바다 위로 도약하는 것은 돌고래에게는 너무나도 자연스러운 행동인 만큼 돌고래의 우둔함은 우리에게는 충격으로 다가온다. 연구자들이 거듭 발견하는 사실이지만 인간이 아닌 동물의 지능을 새로운 방법으로 파고들수록 거기서 심각한 허점을 찾아낼 가능성이 높아진다. 동물이 자신의 특수한 지혜를 일반화할 수 있는 능력은 지극히 제한되어 있다 (긴꼬리원숭이의 마음을 연구했을 때 나타난 이러한 놀라운 양상은 체니(Cheney) 와 사이파스(Seyfarth)가 함께 쓴 『원숭이가 보는 세계(How Mankeys See the World)』(1990)에 자세히 묘사되어 있다.).

인간은 특수한 방식으로 성찰할 수 있는 힘을 지니고 있기에 추적의 실패를 알아낼 수 있는 남다른 능력을 가지고 있다. 톰이라는 사람이 행운의 동전을 오랜 세월 간직했다고 가정하자. 톰은 그 동전에 따로 이름은 붙이지 않았지만 우리는 그것을 에이미라고 불러 보자. 톰은 에이미를 스페인까지 갖고 가서 밤에 잘 때에도 머리맡에 두고 잤다. 그러던 어느 날 뉴욕으로 간 톰은 충동적으로 에이미를 분수에 던졌다. 에이미는 수많은 동전들 속에 섞여 버렸다. 톰도 우리도 그 어느 누구도 에이미를 에이미와 같은 발행 연도를 가진 다른 동전들로부터 구별할 수 있는 능력이 없다. 그런데도 톰은 이런 사태 전개를 성찰할 수 있다. 그는 분수 안에 흩어진 동전들 중에서 자기가 품에 지니고 다니던 행운의 동전은 단 하나뿐이라는 명제가 참이라는 것을 인식할 수 있다. 자기가 몇 년 동안 간직한 행운의 동전을 잃어버렸다는 돌이킬 수 없는 사실 앞에서 시원섭섭함을 느낄 수도 있다. 톰이 분수 안에서 에이미와 비슷한 동전 하나를 집었다고 하자. 그는 다음 두 명제 중의 하나는 틀림없이 참이라는 사실을 알 수 있다.

    1. 내가 지금 손에 쥔 동전은 내가 뉴욕으로 가져온 동전이다.
    2. 내가 지금 손에 쥔 동전은 내가 뉴욕으로 가져온 동전이 아니다.

이중에서 어떤 명제가 참인지는 톰은 물론이거니와 과거와 미래를 망라하여 역사에 등장했거나 등장할 그 어느 누구도 알 수 없지만 둘 중의 하나가 참이라는 사실은 천재 과학자가 아니라도 누구나 쉽게 알 수 있다. 동일성에 대한 가설을 세우기 위해 우리가 지녀야 하는 능력은 다른 모든 생물에게는 대단히 낯선 것이다. 대부분의 생물은 개체(자기의 어미, 짝, 먹이, 무리 안의 상급자나 하급자)를 추적하고 늘 재확인해야 하지만 그런 확인 행위를 한다는 것을 그들이 스스로 알고 있음을 암시하는 증거는 하나도 없다. 다른 생물의 지향성은 인간이 올라선 형이상학적 단계로 결코 솟아오르지 못했다.

인간은 어떻게 그런 능력을 얻었을까? 그런 생각을 하기 위해서 천재 과학자가 되어야 하는 것은 아니지만 적어도 언어라는 마음의 도구를 쓸 줄 아는 그레고리 생물은 되어야 한다. 하지만 그러자면 마음의 도구를 그것이 들어 있는 (사회적) 환경에서 추출하는 특수한 능력이 있어야 한다.

5
생각의 탄생

자연심리학자는 생각할 줄 모른다

남에게 자기 생각을 숨기려고 발명한 것이 언어다.
—샤를모리스 드 탈레랑(Charles-Maurice de Talleyrand)

많은 동물이 숨으면서도 정작 자기가 숨는다는 사실을 모른다. 많은 동물이 무리를 지으면서도 정작 자기가 무리를 짓는다는 사실을 모른다. 많은 동물이 쫓아가지만 정작 자기가 쫓아간다는 사실을 모른다. 그들은 모두 행동을 지혜롭고 적절하게 제어하면서도 행위자의 머리에 생각이라는 부담을 안 주는 신경계의 은혜를 입고 있다. 먹이 잡기와 먹기, 숨기와 달아나기, 모이기와 흩어지기는 모두 비사고 기제의 권능 안에서 이루어지는 것으로 보인다. 그렇다면 영리한 사고를 수반하거나 그 사고의 뒤를 따르며 영리한 사고의 제어를 받아야 하는 영리한 행동이란 것이 과연 있을까?

지향적 자세를 채택하는 전략이 내가 주장한 것처럼 커다란 혜택을 가져오는 것이라면 동물의 마음에서 획기적 돌파구가 되는 지점은 바로 다른 존재에게(그리고 자기 자신에게) 지향적 자세를 취할 수 있는 능력을 가진 지향계가 될 것이다. 우리는 동물이 다른 동물의 다른 생각(우리는 이것이 있다고 가정하고 있다.)에 민감하게 반응하는 행동을 찾아야 한다. 행동주의자를 빗댄 오래된 농담이 하나 있다. 행동주의자는 믿음은 없다고 믿고 생각을 가진 존재는 전혀 없다고 생각하고 누구에게도 의견이 없다는 의견을 지니고 있다는 것이다. 남의 마음에 대해 가설조차 세우지 못하는 행동주의자처럼 좁은 울타리 안에 갇힌 동물은 어떤 동물인가? 자의에 의해서든 타의에 의해서든 더 높은 단계로 발전한 동물은 어떤 동물인가? 우리는 이러한 두 동물의 차이가 어디에서 생기는지 알아야 한다. 다른 행위자의 생각을 발견하거나 조종하기에 여념이 없는 비사고 행위자라는 말에는 어딘가 모순이 있다. 따라서 우리는 사고가 부득이 진화할 수밖에 없는 복잡성의 단계를 여기서 찾아낼 수 있을 듯하다.

생각은 혼자만의 힘으로 나올 수 있는 것일까?(여러분이 내 생각에 대해서 생각한다면 나는 균형을 유지하기 위해서 여러분의 생각에 대해서 생각하기 시작할 것이다. 반성의 군비 확장 경쟁인 셈이다.) 많은 이론가들이 고등 지능의 진화를 이렇게 일종의 군비 확장 경쟁으로 설명한다. 심리학자 니컬러스 험프리(Nicholas Humphrey)는 「자연의 심리학자들(Nature's Psychologists)」(1978)이라는 논문에서 자기 의식의 발전은 남의 마음에서 벌어지는 사태에 대한 가설을 개발하고 검증하기 위한 전략이었다고 주장했다. 다른 행위자의 생각에 민감하게 반응하는 행동 능력은 자동으로 스스로의 생각에 민감하게 반응하는 행동 능력을 수반하는 것으로 보인다. 험프리가 지적했듯이 이것은 자기 의식을 다른 의식에 대한 가설의 원천으로 이용하기 때문이거나 남에게 지향적 자세를 취하다 보면 자신에게도 동일한 태도를 취할 수 있다는 사실을 발견하기 때문이리라. 혹은 이런 이유들이 복합적으로 작용했는지도 모른다. 아무튼 지향적 자세를 취하는 습관은 남을 해석하는 일과 나를 해석하는 일에 두루 적용되었다.

「개성의 조건(Conditions of Personhood)」(1976)이라는 글에서 나는 개성으로 향한 중요한 첫걸음은 1차 지향계에서 2차 지향계로 올라선 것이었다는 견해를 피력한 바 있다. 1차 지향계는 수많은 대상에 대한 믿음과 욕망을 가지고 있지만 믿음과 욕망에 대한 믿음과 욕망은 가지고 있지 않다. 2차 지향계는 자신의 것이든 남의 것이든 믿음과 욕망에 대한 믿음과 욕망을 가지고 있다. 3차 지향계는 이 지향계가 무언가를 원한다고 상대가 믿기를 원하는 고차적인 능력을 가질 것이다. 4차 지향계는 상대가 무언가를 믿는다는 것을 이 지향계가 믿기를 여러분이 원한다고 믿을 것이다. 가장 획기적인 발전을 이룩한 것은 1차 지향계에서 2차 지향계로의 전환이었다고 나는 그 글에서 주장했다. 고차 지향계는 어떤 행위자가 머릿속에 한 번에 얼마만큼을 담아 낼 수 있느냐로 규정된다. 얼마나 많이 담아 낼 수 있는지는 심지어 한 행위자에서도 상황에 따라 달라진다. 때로 고차 지향계는 무의식적으로 너무나 자연스럽게 활용되기도 한다. 영화를 예로 들어보자. 영화에 나오는 남자가 웃음을 참으려고 애쓰고 있다. 그는 왜 이토록 웃음을 참으려고 애쓰는가? 영화의 맥락에서 보면 그것은 너무도 명백하다. 그의 눈물겨운 노력은, 여자가 그가 함께 춤추러 가자고 말하기를 바란다는 것을 그가 벌써 알고 있다는 것을 여자는 모르고 있음을 그는 알고 있으며, 남자가 그 상태를 유지하고 싶어 한다는 것을 우리에게 드러낸다! 그렇지만 때로는 단순한 반복이 우리를 곤혹스럽게 만들기도 한다. 여러분은 내가 지금 말하는 내용을 여러분이 믿기를 내가 바란다고 여러분이 믿기를 바란다는 것을 확신할 수 있는가?

그러나 연구자들이 주장한 것처럼 설령 고차 지향계가 마음의 발전 과정에서 중요한 한발을 내디딘 것이었다 하더라도 사고하는 지혜와 사고하지 않는 지혜 사이에서 우리가 찾는 분수령은 분명 아니다. 인간이 아닌 생물에서 나타나는 (외견상의) 고차 지향계 중 일부는 심도 있게 분석한 결과 여전히 비반성적 지혜의 범주에 들어가는 것처럼 보인다. 땅 위에 둥지를 트는 새가 둥지 가까이 접근한 맹수에게 전형적으로 보이는 유인 행동을 보자. 어미 새는 방어력이 전혀 없는 알이나 새끼들로부터 살그머니 멀어지면서 파닥거리다가 고꾸라졌다가 구슬픈 울음소리까지 내면서 마치 날개가 부러진 듯한 시늉을 드러내 놓고 하기 시작한다. 그러면 맹수는 둥지에서 어미 새에게로 관심을 돌리지만 결국은 손 안에 굴러 들어온 이 떡을 붙잡는 데에는 실패하고 만다. 여기서 채택된 행동 원리는 너무도 자명하다. 리처드 도킨스(Richard Dawkins)가 1976년에 출간한 『이기적 유전자(Selfish Gene)』에서 소개한 실용적 전략에 따라 이 원리를 가상적 독백의 형태로 표현할 수 있다.

> 나는 낮은 곳에 둥지를 트는 새며 새끼들은 맹수에게 발각당하면 꼼짝없이 당할 수밖에 없다. 지금 다가오는 맹수의 관심을 다른 곳으로 돌리지 않으면 조만간 새끼들을 발견할 것으로 '예상'된다. 나를 잡아먹고 싶은 '욕망'을 불러일으켜야만 맹수의 관심을 흐트러뜨릴 수 있는데 그러려면 나를 실제로 잡을 수 있는 가능성이 꽤 높다고 맹수가 '생각'해야 한다. 내가 더 이상 날지 못한다는 '증거를 보여 주면' 맹수는 얼른 그런 '믿음'을 갖게 될 것이다. 나는 날개가 부러진 듯한 시늉을 함으로써 그런 증거를 보여 준다.(Dennett, 1983)

2장에서 논의한 카이사르를 살해한 브루투스의 예에서 브루투스가 실제로 예시된 독백과 비슷한 사고 과정을 거쳤으리라고 가정하는 것은 아주 황당무계하지만은 않다. 물론 아주 수다스러운 떠버리가 아니라면 대개는 말없이 행동으로 옮기지만 말이다.

그러나 새가 위에서 소개한 독백 과정을 거친다고 가정하는 것은 아무래도 개연성이 부족하다. 그럼에도 불구하고 이런 독백은 그런 행동을 유발한 원리를 분명히 설명하고 있다. 새가 그 원리를 이해하든 이해하지 못하든 말이다. 동물행동학자 캐럴린 리스터(Carolyn Ristau)의 연구(1991년)에서 물떼새가 대단히 정교한 수준으로 유인 행위를 하는 것이 밝혀졌다. 이 새는 맹수의 시선이 어디로 향하는지를 예의 주시하다가 맹수가 흥미를 잃은 것 같으면 유인 행위를 더욱 활발하게 펼친다. 뿐만 아니라 맹수가 잘 알아채는 특징에 부합하도록 자신의 행동을 조정한다. 이 새는 또 침입자의 모양과 크기를 보고 어떤 동물인지 구별할 수 있다. 소는 육식 동물이 아니라서 새를 봐도 먹이로 받아들이지 않는다. 그래서 어떤 물떼새는 소를 다르게 요리한다. 육식 동물처럼 다른 곳으로 유인하지 않고 오히려 요란하게 울며 부리로 콕콕 쪼아서 소를 몰아내려고 한다.

산토끼도 여우 같은 사냥꾼의 몸짓을 보고 위험도를 어느 정도 헤아릴 수 있는 능력을 가진 것으로 보인다.(Hasson, 1991, Holley, 1994) 어떤 여우가 위험 거리 안으로 들어오면 산토끼는 여우에게 들키지 않도록 몸을 웅크리고 가만히 있든가 몸을 숨길 수 있는 곳으로 최대한 빨리 피한다. 그러나 여우가 자기를 붙잡지 못할 것이라는 판단이 들면 산토끼는 희한한 행동을 보인다. 뒷발로 일어서서 몸을 훤히 드러낸 채 여우를 빤히 바라보는 것이다! 왜냐고? 여우한테 아예 포기하는 게 좋을 거라는 경고를 하기 위해서다. "너를 봤지만, 나는 무섭지 않다. 나를 잡느라고 아까운 시간과 에너지를 낭비하지 않는 게 좋을 거다. 포기해!" 그리고 여우도 대개는 그런 결론을 내리고 산토끼를 내버려 둔 채 다른 곳으로 먹이를 찾아 떠난다. 덕분에 산토끼는 에너지를 허비하지 않고 그 자리에서 계속 풀을 뜯어먹을 수 있다.

이러한 행동 원칙은 도처에서 발견된다. 그렇지만 그것은 산토끼가 스스로 고안한 전략도, 산토끼가 성찰할 수 있는 전략도 아니다. 가젤도 사자나 하이에나에게 쫓길 때 비슷한 행동을 보인다. 달아나는 데에 별로 도움이 되지 않아 보이는 턱없이 높은 점프를 하는 것이다. 가젤이 그런 행동을 하는 이유는 자신의 뛰어난 속도를 맹수에게 과시하기 위해서다. "나를 잡을 생각일랑 하지 말고 내 사촌이나 잡으시지. 나는 워낙 빠르기 때문에 이렇게 쓸데없는 점프를 하면서 시간과 기운을 낭비해도 너 따위는 충분히 따돌릴 수 있다고." 그런 전략은 대체로 먹혀든다. 사냥꾼은 대부분

다른 동물에게로 관심을 돌리는 것이다.

사냥꾼과 사냥감의 이런 행동은 양태는 조금씩 달라도 얼마든지 많이 발견할 수 있다. 그러나 어느 경우에도 동물이 그러한 행동 전략을 어떤 형태로든 자기 마음속에 그리고 있다는 증거는 전혀 없다고 보아도 과언이 아니다. 만약 이런 동물을 '자연심리학자'로 간주할 수 있다면 그는 생각을 모르는 자연심리학자다(이것은 험프리의 용어이다.). 이런 생물은 자신이 상대하는 생물의 마음을 표상하지 않는다. 다른 생물의 행동을 예측하고 그것을 바탕으로 자신의 행동을 다스리기 위해 다른 생물의 마음에 대한 내면 '모형'을 참조할 필요가 없다는 말이다. 그들은 어마어마한 양의 지각 단서 목록과 매끄럽게 연결된 어마어마한 양의 대안 행동 목록을 지니고 있으며 그 이상은 알 필요가 없다. 이것을 마음읽기로 보아도 무방한가? 물떼새나 산토끼나 가젤은 고차 지향계인가 아닌가? 그런 질문은 분명히 마음읽기로 여겨지는 그러한 능력이 어떻게 조직화되었는가를 묻는 질문보다는 차차 덜 중요해 보이기 시작한다. 그렇다면 이런 방대한 목록 이상의 수준으로 나아갈 필요성이 부각되는 시기는 언제인가? 동물행동학자 앤드루 화이튼(Andrew Whiten)은 목록이 너무나 길고 복잡해서 새로운 항목을 추가하기 힘들어질 때 그런 필요성이 대두한다는 가설을 제시했다. 그런 목록은 논리학에서 말하는 조건항의 연쇄에 해당한다.

> (만일 x가 보이면 A를 한다.), 그리고 (만일 y가 보이면 B를 한다.), 그리고 (만일 z가 보이면 C를 한다.), ……

이런 독립된 조건항이 너무나 많을 경우에는 이것들을 세계에 대한 좀 더 조직화된 표상으로 통합하는 것이 효율적일 수 있다. 어떤 종(그 종의 정체는 아직 분명하게 밝혀지지 않았다.)에서는 어쩌면 명백한 '일반화'의 혁신이 나타나서 목록이 허물어지고 새로운 사례가 등장할 때마다 제1원리의 요청에 따르는 재건축이 이루어졌는지도 모른다. 한 동물이 다른 동물의 특수한 욕망에 대해 그리는 내적 표상이 어떻게 짜임새 있게 엮일 수 있는지를 표현한 화이튼의 도식을 여기 소개한다 그림 6.

이런 통합의 배후에는 하나의 원칙이 자리 잡고 있지만 통합을 달성한 생물의 마음이 그 원칙을 어떤 식으로든 알고 있어야 할 필요는 없다. 다행히 이런 개선된 설계를 지니게 되었다 하더라도 그 생물은 왜 그런 설계가 나왔고 그런 설계가 어떻게 작동하는지

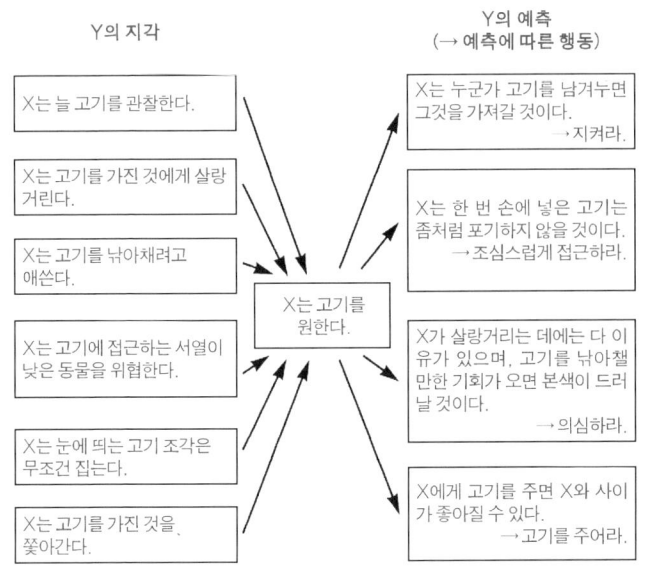

그림 6
내적 표상의 조직화를 보여 주는 화이튼의 도식.

를 모르고 그저 그러한 설계의 수혜자로 머물러 있을 뿐이다. 그렇지만 이런 설계가 정말로 개선된 것일까? 이득도 있지만 손해는 없는 것일까? 그것의 가치는 접어 두고라도 어떻게 이런 설계가 나올 수 있었을까? 점점 커지는 '총체적' 문제(동시에 처리하기에는 부

담스러울 정도로 많은 조건항들)에 대처하려는 필사적인 몸부림 끝에 어느 날 우연히 솟아오른 것일까? 그럴지도 모른다. 그러나 한 신경계 안에서 공존할 수 있는 반(半)독립적 제어 구조의 수에 대한 상한선이 얼마나 되는지는 아무도 모른다(실제로 신경계를 가진 현실 행위자는 그런 상한선이 없을지도 모른다. 수만 개에 이르는 지각-행동 제어 회로들이 뇌에서 서로 뒤섞여 효율적으로 작동하는지도 모른다. 그리고 그 수는 더 커질 가능성이 얼마든지 있다.). 그러한 제어 구조의 재편을 야기하면서 일반화 능력을 덤으로 얹어 주는 다른 형태의 선택압이 존재하지는 않았을까? 동물행동학자 데이비드 맥팔런드(David McFarland)는 의사소통의 기회가 바로 그런 설계를 만들기를 요구하는 압력을 낳는다는 주장을 내놓았다.(McFarland, 1989) 더욱이 이 장 앞머리에서 소개한 탈레랑의 냉소적 견해는 중요한 진실에 접근하고 있다. 탈레랑에 따르면 어떤 종 안에서 의사소통이 발생할 때 정직하기만 한 것은 결코 현명한 정책이 아니다. 경쟁자들에게 너무도 쉽게 이용당할 수 있기 때문이다.(Dawkins and Krebs, 1978) 껑충껑충 뛰어오르는 가젤과 여우를 빤히 쳐다보는 산토끼가 보여 주는 최소한의 의사소통이 시사하듯이 사냥꾼과 사냥감 사이에 이루어지는 의사소통의 모든 사례에서 경쟁적 맥락은 분명히 존재한다. 그것은 허세를 부릴 수 있는 좋은 기회이다. 미래를 예측해야 하는 치열한 경쟁에서 만일 내가 다른 존재에 대해, 그 존재가 나에 대해 할 수 있는 것보다 더 많은 예측을 더 잘할 수 있다면 나는 결정적으로 유리해진다. 그러므로 행위자는 자신의 제어계를 늘 미지로 남겨 두어야 할 의무가 있다. 예측 불가능성은 결코 탕진되어서는 안 되며 항상 지혜롭게 사용되어야 하는 대체로 훌륭한 방어 수단이다. 교묘하게 쓰기만 한다면 의사소통에서 얻을 수 있는 것은 엄청나게 많다. 이때 중요한 것은 자신의 신뢰도를 유지하기에 충분한 진실성을 담으면서도 자신의 선택 가능성을 유지하기에 충분한 기만성을 담아야 한다는 점이다(포커에서 가장 기본이 되는 전략이 바로 이것이다. 허세를 부리지 않는 사람은 결코 이기지 못하지만 늘 허세만 부리는 사람도 결코 이기지 못한다.). 산토끼와 여우가 실은 자원의 관리라는 공동의 문제를 놓고 공조를 하고 있다는 사실을 간파하는 데에는 어느 정도의 상상력이 필요하지만, 그들이 간헐적 휴전에서 모두 이득을 본다는 것을 곧 알 수 있다.

공조를 확대하면 이득이 늘어나는 경우는 동종 무리 내에서 경쟁이 벌어질 때 더욱 확연히 드러난다. 먹이를 공유하고 새끼를 키우고 무리를 지키는 데 뒤따르는 희생과 위험 부담을 공유하는 것은 폭넓은 공조의 기회를 제공하지만 이런 기회를 활용할 수 있는 엄격한 조건이 충족되어야 한다. 부모끼리의 공조, 부모와 새끼의 공조는 자연의 세계에서는 당연한 것이 아니다. 쌍방에게 유익한 모든 관행의 배후에는 경쟁의 가능성이 자리 잡고 있으므로, 동물들의 공조를 볼 때에는 경쟁의 맥락을 염두에 두지 않으면 안 된다.

맥팔런드에 따르면 자신의 행동에 대한 명시적이며 조작 가능한 표상의 필요성이 대두하는 것은 공조의 가능성과 자기 보호의 측면을 동시에 갖는 의사소통의 길이 열릴 때다. 그때 새로운 행동이 행위자의 통제 아래로 들어온다. 그것은 자신의 행동이 무언지를 명시적으로 알리는 행동이다("나는 물고기를 잡는 중이다."라든가 "나는 엄마를 찾고 있다."라든가 "나는 그냥 쉬고 있다."라든가.). 이런 의사소통 행위를 다듬고 실행해야 할 경우 행위자가 직면하는 문제는 관찰하는 이론가로서 우리가 봉착하는 문제와 크게 다르지 않다. 행위자는 자기 안에서 서로 경쟁하고 강화하고 융합하며 뒤엉킨 복잡한 행동의 제어 회로들로부터 어떻게든 경쟁적 대안을 만들어 내야 한다. 의사소통은 단순 명쾌한 답을 선호한다. 흐리멍덩한 태도를 용납하지 않는다. 이런 의사소통의 요구 앞에서 행위자는 부득이 범주를 만들며 이것은 흔히 왜곡을 낳는다. 그것은 서투른 출제자가 내놓은 사지선택형 문제 앞에서 응시자가 깨닫는 왜곡과 대체로 비슷하다고 보아도 좋다. 예시된 답 중에서 고를 만한 것이 하나도 없을 경우 응시자는 부득이 가장 거부감이 덜한 답을 선택할 수밖에 없다. 자연이 이렇다 할 분절점을 제공하지 않은 상황에서 사물을 분할해야 하는 행위자는 '엇비슷하게 꾸미기(approximating confabulation)'라고 부르는 방식으로 이 문제를 해결한다. 행위자는 자신의 경향을 다양한 후보군들의 상호 작용에서 나온 행위의 추세가 아니라 명시적으로 표상된 목표(행위의 설계도)인 것처럼 분류한다. 이처럼 모호한 방식을 거쳐 등장한 의도의 표상은 행위자에게 자신이 행위를 다스리는 명쾌한 의도(표상된 목표)를 사전에 가지고 있었다는 확신을 불어넣는 데 성공한다. 자신의 의사소통 문제를 해결하기 위하여 행위자는 스스로 특수한 사용자 인터페이스, 곧 선택할 수 있는 명시적 대안의 목록을 만들며 자신의 창안물에 어느 정도는 속아 넘어간다.

그렇지만 그런 의사소통을 활용할 수 있는 길은 지극히 제한되어 있다. 많은 환경은 행위자가 그 안에서 어떤 성향이나 재능을 보이는지와는 상관없이 행위자의 비밀 유지에 불리한 여건을 제공한다. 비밀을 유지할 수 없다면 의사소통이 갖는 역할은 거의 없다. 확 트인 공간에서 무리 지어 살아가는 동물들이 상당 기간 동족의 소리나 모습이나 냄새를 접하지 않고 지낼 수 있는 가능성은 극히 적다. 따라서 비밀이 싹틀 수 있는 조건을 충족시킬 만한 기회도 좀처럼 찾아오지 않는다. 가령 생태학적으로 가치 있는 사실 p를 아직 나 말고는 누구도 모른다고 가정하자. 나와 가까운 거리에 있는 잠재적 경쟁자들이 그 환경에 대한 아주 비슷한 정보에 어려움 없이 접근할 수 있다면 내가 일시적으로 선점한 정보를 유리하게 활용할 수 있는 여건은 좀처럼 주어지지 않는다. 가령 내가 북서쪽에 있는 사자의 모습을 보거나 냄새를 맡은 최초의 영양이라 하더라도 그 정보를 몰래 간직하거나 팔 수 없다. 나와 어깨를 맞대고 있는 동료 영양들도 곧 그 사실을 알게 되기 때문이다. 그런 일시적 정보 선점에서 덕을 볼 수 있는 기회는 극히 드물기 때문에 아무리 영악한 영양이라 할지라도 자기 재능의 이점을 살리지 못할 것이다. 영양이 동료들을 따돌리기 위해서 어떤 행동을 할 수 있을까?

지향적 자세는 비밀을 유지한다는 일견 단순해 보이는 행동도 사실은 꽤 까다로운 조건을 충족시켜야만 하는 행동이라는 점을 일깨워 준다. "갑이 모르는 p라는 비밀을 을이 알고 있다."라고 가정하자. 그러기 위해서는 다음의 조건이 충족되어야 한다.

1. 을은 p를 알고(믿고) 있다.
2. 을은 갑이 p를 모른다고 믿고 있다.
3. 을은 갑이 p를 모르기를 바라고 있다.
4. 을은 갑이 p를 모르게 만들 수 있다고 믿고 있다.

고도의 비밀 유지가 대단히 특수한 행동 환경에서만 가능한 것은 바로 네 번째 조건 때문이다. 이 점은 1970년대에 영장류 연구가인 에밀 멘젤(Emil Menzel)의 실험(Menzel, 1971, Menzel, 1974)에서 분명히 드러났다. 그 실험에서 멘젤은 개별 침팬지에게 음식을 숨긴 위치를 몰래 알려 주었다. 따라서 개별 침팬지는 다른 침팬지들을 속일 수 있는 기회를 갖게 되었다. 여기서 침팬지는 그 기회를 곧잘 멋지게 이용한다는 놀라운 결과가 나왔다. 그렇지만 그런 행동이 나올 수 있었던 것은 실험자가 조성한 조건과 자연 상태에서는 좀처럼 찾아보기 어려운 인위적 환경(이 경우에는 울타리에 둘러싸인 커다란 마당에 붙은 우리)에 힘입은 바 컸다. 숨긴 음식을 본 침팬지는 자신이 음식을 보고 있다는 것을 다른 침팬지들은 모른다는 사실을 알 수 있는 위치에 있어야 한다. 그래서 다른 침팬지들을 우리 안에 가두고 선택받은 침팬지만 큰 마당으로 인도하여 음식을 보여 주었다. 선택받은 침팬지는 자기 혼자만 p를 알고 있다는 것, 곧 자기가 마당에서 음식을 발견한 사실을 우리 안의 침팬지들은 모른다는 사실을 알게 되었다.

자연 상태의 침팬지들은 곧잘 자기만의 비밀을 발견할 수 있을 만큼 무리로부터 멀리 떨어져 나와 사방을 배회하므로 침팬지는 이런 실험을 하기에 좋은 동물이다. 그렇지만 그런 기회가 자연스럽게 자주 발생하는 환경에서 진화하지 않은 동물은 그런 기회를 활용하는 능력을 발전시킬 가능성이 거의 없다고 보아야 한다. 이제까지 사용되지 않았던 재능을 (실험실에서) 발견하는 것이 불가능한 일은 아니다. 사용되지 않은 재능이라도 언제든 혁신이 일어나면 현실의 표면으로 떠오를 가능성이 드물지만 있기 때문이다. 그런 재능은 대개 다른 선택압에 의해 발전한 다른 재능들의 부산물일 때가 많다. 하지만 일반적으로 인지의 복잡성은 환경의 복잡성과 함께 발전하므로 복잡한 환경에서 살아온 오랜 역사를 가진 종에서 먼저 인지의 복잡성을 찾아야 한다.

이 모든 사실은 생각(사람의 생각)이 말 이후에 등장했고 말은 비밀 유지 능력이 나타난 이후에 등장했으며 비밀 유지 능력은 다시 행동 환경이 복잡하게 무르익은 다음에 등장했다는 사실을 암시한다. 이런 일련의 과정을 거치지 않은 어떤 종에서 사고가 등장했다면 우리는 놀라움을 금치 못할 것이다. 곤경에 처한 물떼새처럼 행동의 선택이 비교적 단순할 때에는 근사한 중앙 표상계가 발전할 필요가 없으므로 하등 동물이 사고 능력을 가질 가능성은 전혀 없다. 우는 물떼새나 산토끼나 영양의 요구를 충족시키는 데 필요한 고차 감응력은 다윈 생물에 의해 설계된 신경계가 거의 전적으로 제공하며 어쩌다가 스키너 기제의 간접 지원을 받을 뿐이다. 그렇다면 ABC 학습은 그런 감응력을 충분히 낳을 수 있다는 이야기가 된다. 물론 그것은 아직 해결되지 않은 경험적 문제지만 말이다. 특수한 개체가 대상을 차별적으로 취급하는 명백한 증거 사례(가령 물떼새가 다시 만난 특정한 개에게 책략을 쓰느라 시간 낭비를 하지 않는다든가, 산토끼가 구사일생으로 목숨을 구한 다음부터는 특정한 여우를 빤히 처다보는 거리를 획기적으로 늘린다든가 하는 사례)가 있다면 매우 흥미로울 것이다. 하지만 이 경우에도 우리는 그 학습을 비교적 간단한 모델로 설명할 수 있을 것이다. 이 동물은 과거의 경험을 바탕으로 매력적이지만 검증되지 않은 행동의 후보군을 배제할 수 있는 포퍼 생물이지 명백한 사고력을 가진 존재라고 볼 수는 없다.

자연심리학자들이 지향성을 자기들이나 남들에게 귀속시키는 일에 대해 서로 의사소통을 나눌 기회를 갖거나 그럴 의무를 갖고 있지 않는 한, 서로 정보를 나누고 논쟁을 벌이고 상대가 관심을 두는 결론의 근거를 캐묻지 않는 한, 그들이 그 근거를 마음으로 표상하게 만드는 선택압, 다시 말해서 그들이 알 필요가 없는 것은 몰라도 된다는 '알 필요'의 원칙을 포기하고 그와 비슷하면서도 상반되는 특공대 원칙(개별 행위자에게 전체 작전에 관한 지식을 가급적 많이 주입시켜, 예기치 못한 장애물이 나타났을 때 특공대가 임기응변으로 헤쳐 나갈 수 있는 가능성을 높이는 전략)을 선택하도록 만드는 선택압은 생겨나지 않는다.

새나 산토끼, 심지어는 침팬지의 기본적 고차 지향계를 설명하는 원리는 이들의 신경계 구조에 반영되어 있지만 우리가 찾는 것은 그 이상이다. 우리는 그런 신경계에 표상되는 원리를 찾는다.

비록 ABC 학습은 막대한 양의 데이터에 숨은 양태들을 끄집어 낼 수 있는 놀라울 정도의 정교하고 강력한 변별력을 낳지만 이런 능력은 훈련에 의해 교정되는 특정한 생체 조직에 뿌리를 두고 있다. 그것은 그 개체가 당면한 문제 또는 그 개체가 다른 개체들과 공유하는 문제에 대처하기 위해 쉽게 운반해 올 수 없다는 점에서 붙박이 능력이다. 철학자 앤디 클라크(Andy Clark)와 심리학자 애넷 카밀로프스미스(Annette Karmiloff-Smith)는 최근에 그런 붙박이 지식만을 가진 뇌에서 "자신이 이미 표상하고 있는 지식을 재표상함으로써 내부에서 스스로를 살찌우는" 뇌로 이행되는 과정을 탐구했다.(Clark and Karmiloff-Smith, 1993) 클라크와 카밀로프스미스는 "어떤 영역에 대해 우리가 가진 지식의 다양한 측면을 단일 지식 구조 안에 복잡하게 짜 넣는" 설계 전략에는 명백한 장점도 있지만 그에 못지않게 단점도 있다고 지적한다. "그렇게 되면 우리 지식의 다양한 차원들을 독립적으로 활용하거나 조작하기가 사실상 불가능하다."라는 것이다. 그런 지식은 복잡한 접속의 그물에 가려 체계 안에 매몰된다. 갓 부화한 새끼 뻐꾸기가 다른 알들을 어깨로 밀어 둥지 밖으로 내보내는 조숙한 외곬 행동이 그 좋은 예다. 새끼 뻐꾸기가 자신의 신경망 안에 짜 넣어진 지혜를 인식하고 이해하고 활용하려면 새끼 뻐꾸기의 계산 구조에 무엇이 덧붙여져야 할까?

모습은 조금씩 다르지만 일반적으로 주어지는 답변은 '상징'이다! 이 대답은 동어 반복에 가까우므로 해석하기에 따라 늘 옳을 수밖에 없다. 암시적 또는 암묵적 지식이 어떤 '명시적' 표상의 매질 안에 표현되어 명시된다는 것은 너무도 당연하지 않은가? 상징은 연결된 네트워크 안의 접속점과는 달리 이동과 조작이 가능하다. 그러나 여기서 신중을 기할 필요가 있다. 많은 선구자들이 여기에 착안하여 연구를 진행했지만 그것은 적잖은 오류를 낳았기 때문이다.

인간은 통찰력에 의존하여 빠른 학습을 할 수 있는 능력이 있다. 우리는 지루한 훈련을 거치지 않고도 문제가 되는 지식의 적절한 상징적 표상만 떠올리면 당장 알 수 있다. 쥐, 고양이, 원숭이, 돌고래 같은 비인간적 대상을 연구하기 위한 새로운 실험 환경이나 틀을 고안한 심리학자는 각 동물에게 새로운 과제를 훈련시키는 데에 오랜 시간을 쏟아 부어야 한다. 그러나 인간 피험자에게는 필요한 사항을 말로 전달하면 된다. 짤막한 질문과 답변, 몇 차례의 연습만 거치면 인간 피험자는 새로운 환경에서도 어떤 행위자도 못 따라올 정도의 탁월한 학습 능력을 보인다. 물론 우리는 이런 실험에서 제시되는 표상을 이해해야 한다. 우리는 이것이 어떻게 가능한지 모른다. 즉 어떻게 ABC 학습이 인간의 학습으로 이행되는지는 아직도 오리무중이다. 자유롭게 떠다니는 전략을 행위자 안에 강하게 묶어 두어 그 행위자 자신의 이성이 되게 하려면 행위자는 무언가를 만들지 않으면 안 된다. 이성의 표상은 구성되고 설계되고 편집되고 수정되고 조작되며 승인받을 수 있다. 한 행위자가 어떻게 그런 놀라운 작업을 수행할 수 있을까? 뇌에서 새로운 기관을 발전시킨 것일까? 아니면 이미 자신이 숙지하고 있던 외부 세계의 조작을 통해 이런 능력을 쌓은 것일까?

딱지 붙이기와 마음의 진화

손만으로 목수 일을 할 수 없듯이
뇌만으로는 생각을 할 수 없다.

──보 달봄(Bo Dahlbom)과 라르스에릭 얀러트(Lars-Erik Janlert),
『컴퓨터 미래(Computer Future)』

모든 행위자는 자신의 환경을 최대한으로 활용해야 한다는 지상 과제를 안고 있다. 환경은 유익한 대상과 새로운 대상, 더 간접적인 단서를 제공하는 혼란스러운 대상(전조와 유인, 디딤돌, 함정 따위)을 다양하게 담고 있다. 당혹스러울 만큼 풍요로운 자원은 행위자의 관심을 끌기 위해 치열한 경쟁을 벌이는 셈이다. 그러므로 자원을 관리하고 세밀하게 구별하는 행위자의 입장에서는 시간이 매우 중요하다. 사냥감을 헛되이 쫓느라, 실재하지 않는 위협에 대비하느라 투자한 시간은 낭비된 시간이다. 시간은 그만큼 중요하다.

그림 4에서 보았듯이 그레고리 생물은 다양하게 설계된 대상을 환경에서 받아들인 다음 그것을 가설 검증이나 의사 결정의 효율성과 정확성을 높이는 데 활용한다. 하지만 이 그림은 그 자체로는 오해의 가능성을 안고 있다. 이런 인공물을 위해 뇌 안에는 어느 정도의 공간이 마련되어야 하며 그 인공물은 어떻게 설치되는가? 그레고리 생물의 뇌는 다른 생물의 뇌보다 용량이 엄청나게 큰가? 인간의 뇌는 우리와 가까운 친척 동물의 뇌보다는 어느 정도 크다(비록 돌고래나 고래의 뇌보다는 작지만.). 그렇지만 사람이 가진 뛰어난 지능의 원천이 뇌의 크기에 있다고 보는 것은 오류에 가깝다. 내가 제안하는 인간 지능의 으뜸가는 원천은 환경 자체에 인지 과제를 부려 놓는 우리의 습성이다. 우리의 마음(곧 우리 마음이 구상하는 과제와 활동)을 주변 세계에 부려 놓으면 우리가 만든 수많은 주

변 장치들이 우리의 의미를 저장하고 처리하고 재생하여 우리의 사고, 곧 변형의 과정을 효율화하고 강화하고 보호할 수 있다는 것이다. 폭넓게 이루어지는 이 부려 놓기의 관행은 동물 뇌가 주는 제약에서 인간을 해방시킨다.

행위자는 지각과 행동의 양면에서 자신이 지금 보유한 기술을 가지고 환경에 대처한다. 이런 기술로 극복하기에 환경이 너무 복잡할 경우 새로운 기술을 개발하거나 환경을 단순화시키지 않으면 행위자는 난관에 봉착한다. 대부분의 종은 자연 표지에 의존하여 길을 찾아 나서지만 일부 종은 인위적인 표지를 해 두었다가 나중에 이용하는 재주를 고안했다. 예를 들어 개미는 집과 먹이를 오가는 길에 페로몬 흔적(냄새 흔적)을 남기며 텃세를 부리는 종들의 개체들은 자기 오줌에 함유된 독특한 향기가 나는 화합물로 영역의 경계를 표시한다. 우리가 집 주변에 울타리를 세우는 것도 마찬가지로 무단 침입자를 막기 위해서다. 그것은 또 우리 자신을 위한 편리한 인식 수단이기도 하다. 자원을 관리하기 위해, 혹은 경작하기 위해 상당한 노력을 투자한 곳과 그렇지 않은 곳을 구분해 주는 경계선을 따로 기억하지 않아도 되기 때문이다. 이렇게 자연 속의 중요한 마디들이 어디에 있는지에 대한 정보의 일부를 쉽게 감지할 수 있는 형태로 외부 세계에 저장함으로써 뇌의 한정된 자원을 다른 활동에 쓸 수 있도록 아낄 수 있는 것이다. 이것은 훌륭한 관리 방법이다. 가장 중요한 특성을 식별하는 데 쓸 수 있도록 정교한 표지를 환경에 남기는 것은 지각과 기억에 가해지는 과도한 인지 부하를 줄이는 뛰어난 방법이다. 그것은 가장 요긴한 곳에 발신 장치를 설치하는 탁월한 진화 전략의 변형이자 개선이라 할 수 있을 것이다.

환경 안에 있는 대상들에 딱지를 붙이는 것의 장점이 너무도 자명하기 때문에 인간은 오히려 그런 딱지 붙이기의 논리와 그런 딱지 붙이기가 효력을 낳는 조건을 간과하는 경향이 있다. 왜 우리는 딱지 붙이기를 하는 것일까? 그리고 무언가에 딱지를 붙이는 데에는 어떤 조건이 필요할까? 수천 개의 구두 상자를 뒤져 그중 하나에 들어 있는 열쇠를 찾아내려 한다고 가정하자. 백치가 아니라면 또는 열쇠 찾기에 너무 혈안이 되어 잠시 숨을 돌리고 지혜로운 방책을 강구할 여유조차 없는 경우가 아니라면 우리는 문제 해결을 위해 환경을 이용할 수 있는 간단한 전략을 고안할 것이다. 여기서 특히 중요한 것은 한 번 뒤진 상자를 다시 뒤지지 않아 시간을 절약하는 것이다. 시간을 절약하는 방법 중 하나는 상자를 이 더미(미확인 더미)에서 저 더미(확인된 더미)로 하나씩 옮기는 것이다. 에너지를 더 절약할 수 있는 또 하나의 방법은 상자를 확인할 때마다 거기에 표시를 해서 표시가 있는 상자는 다시 보지 않는다는 원칙을 세우고 작업하는 것이다. 그런 표시는 세계를 더 단순하게 만들어 기억과 지각의 부담을 줄인다. 상자가 모두 가지런히 쌓여 있다면 우리는 거기에 표시를 할 필요조차 없다. 자연이 이미 제공한 좌우의 구분 배치에 따라 왼쪽에서 오른쪽으로 작업을 해 나가면 그만이다.

이제 표시 그 자체로 관심을 돌려 보자. 아무런 표시나 해도 괜찮을까? 결코 그렇지는 않다. "조사가 끝난 상자 어딘가에 희미한 얼룩을 남겨 놓겠다."거나 "조사가 끝난 상자의 모서리를 찌그러뜨리겠다."라는 방식은 현명한 선택이 아니다. 그런 표시가 다른 원인으로 인해 우연히 나타날 가능성이 높기 때문이다. 다른 외부의 원인으로 만들어진 것이 아니라 자신의 행위 결과라고 확신할 수 있는, 뚜렷이 구분되는 특징이 필요하다. 그것은 또 기억하기에 쉬운 것이라야 한다. 그래야 두드러진 표시가 자신이 한 것인지, 어떤 원칙에 따라 했는지를 두고 고민하는 일이 생기지 않는다. 손가락에 고무줄을 묶어 놓아도 나중에 왜 그것을 묶어 놓았는지 기억할 수 없다면 헛수고를 한 셈이다. 아무리 단순하더라도 의도적인 표시는 가장 원시적인 문자의 선구자인 셈이다. 그것이 한 발 발전하여 나온 것이 외부 세계에 만들어진 전문 정보 저장계라 할 수 있다. 딱지 붙이기를 가능하게 하는 체계적 언어가 존재하지 않아도 이런 혁신이 이루어질 수 있다는 점에 주목하자. 아무리 임기응변으로 만들어진 시스템이라도 기억만 할 수 있다면 충분히 제몫을 해 낼 수 있다.

어떤 종들이 이러한 전략을 발견했을까? 최근에 이루어진 몇 가지 실험은 이 문제와 관련하여 중요한 시사점을 던져 주고 있다. 그 결론이 확정적인 것이 아니어서 감질이 나기는 하지만 말이다. 여기저기에 구멍을 파고 거기에 씨를 숨겨 두는 새들이 있다. 그들은 오랜 시간이 흐른 뒤에도 그 비밀 창고를 귀신같이 잘 찾아낸다. 생물학자 러셀 발다(Russell Balda)와 동료 연구자들은 폐쇄된 실험 공간에서 클라크잣까마귀(*Nucifraga columbiana*)의 행동을 연구했다. 커다란 방 안에는 흙이 깔린 바닥과 모래가 채워진 수많은 구멍이 있는 바닥, 그리고 그 밖의 다양한 표지가 있는 바닥이 있었다. 새들은 자신에게 제공된 씨를 10여 개의 구멍을 넣어 비밀 창고를 만든 다음 며칠 뒤에 돌아와서 그것을 찾아냈다. 그들은 여러 가지 단서를 이용하는 데 걸출한 능력을 보였다. 실험자가 표지의 일부를 옮기거나 없앴는데도 구멍의 대부분을 척척 찾아냈다. 그러나 실수도 했다. 그 실수의 태반은 자기 제어의 오류인 것으로 보인다. 그들은 이미 씨를 깨끗이 먹어치운 곳을 다시 찾느라고 시간과 기운을 허비했다. 야생 클라크잣까마귀는 이런 구멍을 수천 개나 만들어 놓고 반년 이상이 지난 뒤에 그곳을 방문하기도 하므로 야생에서 그런 실수가 어느 정도의 빈도로 나올지를 확인하기란 불가능에 가깝다. 하지만 다시 찾아가는 것이 낭비적 습관인 것은 분명하다. 구멍에 먹이를 숨겨 놓는 새 중에서 박새 같은 새는 그런 실수를 좀처럼 저지르지 않는 것으로 알려져 있다.

야생 상태에서 클라크잣까마귀는 구멍을 파 씨앗을 먹은 다음 만찬의 어지러운 흔적을 그대로 남겨 놓는다는 사실이 관찰되었다. 그 흔적은 다음번에 클라크잣까마귀가 그 부근을 지나갈 때 그 구두 상자를 열어 보았음을 뜻하는 단서로 활용될 가능성이 높다. 발다와 동료 연구자들은 클라크잣까마귀가 그런 단서에 의존하여 재방문의 실수를 저지르지 않는다는 가설을 검증하기 위한 실험을 고안했다. 한 조건 집단에서는 새가 남긴 어지러운 흔적을 중간중간 조심스럽게 없앴고 다른 조건 집단에서는 그대로 두었다. 하지만 흔적을 방치한 조건에 놓인 새들이 특별히 실수를 덜 저지르지는 않는다는 실험 결과가 나왔다. 따라서 클라크잣까마귀가 이런 단서를 이용한다는 가설은 검증되지 않았다. 그런 흔적은 자연 상태에서도 날씨 등의 이유로 쉽게 지워질 수 있으므로 클라크잣까마귀는 그것을 단서로 활용할 수 없는 것 같다고 발다는 추정했다. 그러나 이 실험에서 어떤 확정적 결론을 내리기에는 이른 감이 있다고 그는 덧붙였다. 실험실 상황에서는 실수로 인한 손해가 경미하다는 것이다. 먹이가 풍부한 상황에서는 몇 초 손해 보는 것이야 사실 아무것도 아니니까 말이다.

새를 실험실 상황에 두었기 때문에 새의 기능이 상대적으로 저하되었을 가능성도 있다. 자기 제어 과제의 일부를 환경에 투여하는 클라크잣까마귀의 일상적 활동은 실험실에서는 재현하지 못한 모종의 단서에 의존하고 있을 가능성도 있기 때문이다. 자주 관찰되는 현상은 아니지만 집을 떠나 병원에서 지내게 된 노인들은 육체적으로는 더없이 편한 대우를 받는데도 불구하고 엄청난 불이익을 당하는 듯한 반응을 보이는 수가 있다. 심지어 그들은 노망기를 보이기도 한다. 음식을 먹고 옷을 입고 몸을 씻는 기본적인 활동조차 제대로 해 내지 못한다. 그러니 더 큰 흥미를 낳는 활동은 아예 엄두도 못 낸다. 그런데 막상 집으로 돌아가면 혼자서 그

럭저럭 생활을 꾸려 나간다. 어떻게 이런 일이 가능할까? 오랜 세월 동안 그들은 집이라는 환경 안에 너무도 낯익은 표지, 몸에 밴 행동을 유발하는 자극제, 무엇을 해야 하고 어디에 음식이 있고 어떻게 옷을 입어야 하며 전화기는 어디에 있는지 등을 일깨워 주는 신호를 투여해 온 것이다. 새로운 종류의 학습을 하기에는 뇌의 기능이 둔화되었지만 노인은 그처럼 지겹도록 낯이 익은 세계에서라면 혼자서도 얼마든지 살아갈 수 있다. 그런 노인을 집 밖으로 내모는 것은 사실상 마음의 주된 영역에서 그를 단절시키는 것과 다를 바 없다. 그 잠재적 충격파는 뇌수술에 버금갈 것이다.

어쩌면 새들도 다른 활동의 부산물로서 무심결에 표시를 하는 것인지도 모른다. 분명히 사람은 환경에 마련된 수많은 표지에 무의식적으로 의지한다. 사람은 그것이 왜 그토록 소중한지를 한 번쯤 돌아서서 생각할 겨를도 없이 그저 막연히 이해하는 유익한 습관을 선택한다. 큰 자릿수의 곱셈을 머리로 한다고 가정하자. 217×436은 얼마인가? 암산의 귀재가 아니고서야 연필과 종이가 없으면 누구도 이 계산을 하지 못할 것이다. 종이에 적어 놓은 표시의 유용성은 이루 헤아릴 수 없다. 먼저 그것은 중간 결과의 믿음직한 저장소가 된다. 나아가 개별 숫자와 기호는 눈과 손가락이 각각의 지점에 도달했을 때 이 수없이 반복 학습해 온 처방에서 다음은 어떤 단계로 움직여야 할 것인지를 일깨워 주는 표지판의 역할도 한다(두 번째의 역할이 별로 중요해 보이지 않는다면 여러 자릿수의 곱셈을 하면서 중간 계산 결과들을 보통대로 가지런히 적지 말고 여러 장의 종이에 따로따로 적어 보라.). 그레고리 생물은 그런 쓸모 있는 기술의 혜택을 수없이 많이 누린다. 그런 기술은 아득히 먼 옛날 역사의 여명기나 선사 시대에 다른 사람들이 발명한 것으로서 유전의 경로가 아니라 문화라는 경로를 통해 물려받은 것이다. 사람은 이 문화 유산 덕분에 마음을 세계로 펼치는 요령을 배웠다.

세계를 그런 식으로 바꾸는 것은 단지 기억의 부담만 덜어 주는 것에 그치는 것이 아니다. 그것은 활용되지 못한 채 사장될 수도 있었던 인지 능력을 행위자가 유지할 수 있는 여건을 마련한다. 인지 능력을 위한 특별한 재료를 세계가 제공하는 것이다. 로봇 과학자 필리프 고시에(Philippe Gaussier)는 이런 가능성을 여실히 입증하는 사례를 제시했다. 그의 소형 로봇은 처음에는 자기의 환경을 바꾸었고 그 다음에는 그렇게 만들어진 새로운 환경이 자기의 행동 목록을 바꾸도록 허용했다. 발명가인 로봇 과학자 프란체스코 몬다다(Francesco Mondada)는 브라이텐베르크의 주광성 모형을 현실화한 이 로봇에 '케페라(Khepera, 이탈리아어로 풍뎅이)'라는 이름을 붙였다. 케페라는 하키 퍽보다 약간 작았으며 두 개의 작은 바퀴와 보조 바퀴 하나로 움직였다. 이 로봇은 겨우 두세 개의 광세포로 이루어진 지극히 단순한 시각계를 바퀴에 달고 있었다. 시각계에서 신호가 들어오면 로봇은 자신의 책상 표면 세계를 둘러싼 벽과의 충돌을 피하는 방향으로 움직였다. 따라서 이 로봇은 시각의 유도를 받는 벽면 회피계를 내장했다고 말할 수 있다. 이리저리 옮길 수 있는 작은 원통들을 책상 위 여기저기에 아무렇게나 놓아두면 로봇에 내장된 시각계는 로봇이 이 가벼운 장애물들을 슬쩍슬쩍 피할 수 있게 해 준다. 그러나 로봇의 등에 달린 철사 고리가 옆으로 지나가면서 원통에 걸린다. 로봇은 책상 위를 두서없이 분주하게 옮겨 다니면서 무심결에 원통을 끌고 가다가 운반되는 원통이 있는 방향으로 홱 움직일 때마다 원통에서 벗어나게 된다그림 7. 시간이 지나면서 이 환경에 놓여 있던 원통들은 점차 재배열되기 시작한다. 둘 이상의 원통들이 나란히 줄지어 있으면 로봇은 이것들을 피해야 할 벽의 일부로 '오인'한다. 중앙 사령탑으로부터의 어떠한 후속 지시도 받지 않았는데도 로봇은 기민하게 움직여 환경 안에 어지럽게 흩어져 있던 원통들을 나란히 이어진 벽으로 조직

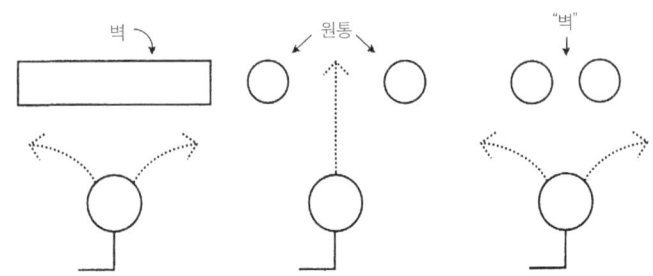

그림 7
벽면 회피계를 내장한 로봇, 케페라.

화한다. 애당초 우연적인 환경에서 우연적으로 진행되던 케페라의 움직임은 처음에는 그 환경을 일종의 미로처럼 구조화했고, 다음에는 그 구조를 이용하여 자신의 행동을 바꿨다.

이것은 도해 작성과 모형 구축을 포함하여 우리가 상상할 수 있는 전술의 가장 단순한 사례다. 도대체 우리는 왜 칠판 위에, 혹은 (초기 인류처럼) 동굴 바닥에 날카로운 꼬챙이로 그림을 그리는가? 우리가 그런 작업을 하는 이유는 정보를 다른 틀로 재표상하여 이런저런 특수 목적을 가진 지각 능력 앞에 내놓기 위해서다. 포퍼 생물과 그 세부 변종이라 할 수 있는 그레고리 생물은 크게

'외부'와 '내부'로 구분할 수 있는 환경 안에서 살아간다. 무엇이 '내부' 환경에 들어가느냐 하는 것은 그것이 피부의 안쪽에 뿌리를 두고 있는가가 아니라(스키너도 "피부는 경계선으로서는 그리 중요하지 않다."(Skinner, 1964, 84쪽)라고 지적한 바 있다.) 이동이 가능한가, 곧 두루 나타날 수 있는가, 그러니까 비교적 쉽게 제어되고 인지될 수 있는가, 따라서 행위자에게 더 유리한 방식으로 설계될 수 있는가 하는 것으로 결정된다(2장에서 지적했듯이 종이에 적힌 쇼핑 목록은 뇌가 기억하는 쇼핑 목록과 동일한 방식으로 의미를 획득한다.). 외부 환경은 추적이 까다로운 여러 방식으로 변화하며 지리적으로도 대체로 그 생물의 바깥에 있다(지리적 기준으로 이것을 구분하는 데에는 한계가 있다는 사실을 생생히 보여 주는 예가 있다. 밖에서 들어온 해로운 침입자인 항원과 안에 머물고 있는 충실한 방어자인 항체가 나라는 육체 공간 안에서 육안으로는 보이지 않는 수많은 우군이나 전혀 관련이 없는 방관자와 함께 뒤섞여 복작거리는 상태가 바로 그것이다.). 세계에 대해 포퍼 생물이 지니고 있는 지식은 자신의 세계에 늘 나타나는 '자기'라는 부분에 대한 지식(노하우)을 어느 정도 담고 있어야 한다. 자기 자리가 어디인지를 알아야 하고 먹이를 어떤 구멍(입)에 넣어야 할지를 알아야 하고 자신이 다니는 길을 어느 정도는 알고 있어야 한다. 어떻게 이것을 알 수 있는가? 이때도 똑같은 방법이 동원된다. 그때그때 표지판과 딱지를 요긴한 곳에 세움으로써 아는 것이다. 한정된 시간 안에 행위자가 관리해야 하는 자원 중에는 자신의 신경계도 있다. 사고하지 않는 생물의 지혜가 명시적으로 표상될 필요가 없듯이 이 자기 지식도 명시적으로 표상될 필요는 없다. 그것은 파묻힌 노하우에 불과할지는 모르지만 '자신'이라는 매우 부리기 쉽고 비교적 안정된 세계의 일부를 다루는 요령을 담은 핵심 노하우다.

누구나 내부 자원을 다듬어 생활을 단순하게 이끌어 가려고 한다. 그래야 자신의 한정된 가용 재능을 가지고 더 많은 작업을 우수하고 신속하게 처리할 수 있기 때문이다(그래서 시간은 늘 소중하다.). 그렇지만 자기 제어에 활용하기 위한 도구로 내부의 상징을 만들었다고 해도, 그것이 '마음의 눈에 포착되었을 때' 왜 그것을 만들었는지를 마음이 기억하지 못한다면 헛수고를 한 셈이다. 지시점, 표지판, 딱지, 상징 같은 환기물로 이루어진 계를 얼마나 잘 다룰 수 있느냐는 추적하고 재인식하는 밑바탕에 깔린 선천적 재능이 얼마나 강건하고, 도구에 접근할 수 있는 다양한 경로를 얼마나 다각적으로 제공할 수 있는가에 달려 있다. 선천적 자원 관리 기술은 내부 대상과 외부 대상을 구분하지 않을 것이다. 사람 같은 그레고리 생물의 경우 세계(외부 혹은 내부)에 존재하는 특징과 사물의 표상은 그 자체가 대상이 된다. 다시 말해서 조작되고 추적되고 이동되고 비축되고 정렬되고 탐구되고 전복되고 혹은 조정되고 활용되는 사물이 된다.

문학 비평가인 수전 손택(Susan Sontag)은 『사진에 관하여(*On Photography*)』(1977)에서 고속 촬영 사진의 등장은 과학 기술을 혁명적으로 발전시켰다고 주장했다. 이 기술 덕분에 인간은 역사상 처음으로 복잡한 시간 현상을 실시간이 아니라 자기에게 편리한 시간틀에서 분석할 수 있게 되었다는 것이다. 바꿔 말하자면 인간은 복잡한 사건이 낳은 흔적에 대한 정연한 분석을 느긋하게 즐길 수 있게 되었다. 3장에서 언급했듯이 자연 상태에서 우리의 마음은 오직 특정한 속도로 일어나는 변화만 처리할 수 있는 능력이 있다. 더 빠르거나 더 느리게 진행되는 사건은 아예 우리의 시야에 들어오지 않는다. 사진 분야에서 이루어진 기술의 진보는 인지 능력을 비약적으로 발전시켰다. 덕분에 우리는 흥미를 품은 사건을 우리의 특정한 감각에 맞게 주문 제작된 맞춤형 틀 안에 재현할 수 있게 되었다.

카메라와 고속 필름이 등장하기 전에도 과학자는 다양한 관찰 기록 장비를 이용하여 세계에서 자료를 뽑은 다음 나중에 느긋하게 그것을 분석할 수 있었다. 과학이 몇 세기에 걸쳐 발전시킨 정교한 도해와 도판은 이런 방법의 위력을 웅변한다. 그러나 카메라는 남다른 특징이 있다. 바로 '멍청'하다는 것이다. 자신의 생산물 안에 표현되는 자료를 '포착'하기 위해 카메라는 화가나 만화가처럼 대상을 이해해야 할 필요가 없다. 카메라는 편집되지 않고 오염되지 않고 선입견에 지배되지 않은 현실의 재현물을 그런 현상을 분석하고 이해할 수 있는 존재 앞에 선보인다. 복잡한 자료를 더 단순하고 자연적이며 사용자에게 친숙한 틀 안에 담아내는 것이야말로 우리가 알기로는 발달한 지능의 본질적 특성이다.

그러나 카메라의 등장과 함께 산더미 같은 분량의 사진이 쏟아져 나오면서 자원 관리의 문제가 생겼다. 사무실 안에 널린 수천 장의 인화지 중에서 내가 관심을 가진 사건을 재현한 사진이 무엇인지를 기억하지 못한다면 아무리 관심 있는 사건을 사진에 담는다 해도 아무 소용이 없다. 이런 '골라내기 문제'는 우리가 살펴보았듯이 더 단순하고 직접적인 추적 양태들에서는 부각되지 않는다. 하지만 이 문제는 해결해야 할 충분한 가치가 있다. 직접 추적이 불가능한 중요한 사건을 간접 추적할 수 있다면 그 해법은 엄청난 가치를 갖는다. 우리가 이해하려고 노력하는 어마어마한 수의 사건 하나하나를 지도 위에 컬러 핀으로 표시하는 탁월한 발상을 예로 들자. 어떤 유형의 모든 증례들이 상수도나 하수도 혹은 우편배달부의 이동 경로처럼 눈에 두드러지지 않거나 심지어는 이제까지 한 번도 묘사된 적이 없는 특성을 기준으로 지도 위에 배열되어 있을 경우 우리는 컬러 핀만 보고도 전염병의 존재를 확인할 수 있을 것이다. 때로는 연쇄 살인범의 은신처도 그가 공격을 가한 장소들의 지리적 중심점을 계산하여 대략 짚어 낼 수 있다. 아득한 옛날 채집 수렵 생활을 하던 시절의 약탈 전략에서 오늘날 경찰, 문학 평론가, 물리학자가 벌이는 탐사에 이르기까지 온갖 탐구 분야에서 이루어진 괄목할 만한 발전은 주로 재현 기술의 폭발적 발전에서 많은 도움을 받았다.

우리는 '기준점'과 '색인'만 뇌 안에 보관하고 실제의 데이터는 가급적이면 주소록, 도서관, 공책, 컴퓨터, 친구와 동료 같은 외부 세계에 두려고 한다. 인간의 마음은 뇌에만 국한된 것이 아니다. 만일 외부 도구들이 깡그리 제거된다면 마음은 안경을 잃어버린 심한 근시에 못지않은 타격을 입을 것이다. 더 많은 자료와 도구를 밖에다 부려 놓을수록 주변 장치에 대한 의존도는 늘어난다.

그럼에도 불구하고 잦은 접촉을 통해 주변 대상과 점점 친숙해지면 거기에 의존하지 않고도 일을 척척 처리할 수 있게 된다. 문제가 있으면 머리로 빨아들여 외부에서 단련한 상상력으로 해결한다.

새로운 재현 기술을 풍부하게 얻을 수 있는 원천이 있다. 그것은 새로운 문제를 기존의 문제 해결 수단으로 표현하면서 사람이 (오직 사람만이) 터득한 방식이다. 예를 들어 공간적 사유로 시간을 사유하기 위해 우리가 개발한 수없이 다양한 방법을 생각해 보자.(Jaynes, 1976) 우리는 과거와 현재와 미래, 이전과 이후, 먼저와 나중(가공을 거치지 않은 자연 상태에서는 사실상 눈에 보이지 않는 차이들)을 좌우, 상하, 시계 방향과 시계 반대 방향으로 표현하는 다양한 관행에 익숙하다. 대부분의 사람에게 월요일은 화요일의 왼쪽에 있으며 오전이든 오후든 4시는 시계의 오른쪽에서 3시 밑에 자리 잡고 있다. 시간의 공간화는 여기서 그치지 않는다. 과학 부문에서 특히 그것은 그래프로 확장된다. 그래프는 이제 글을 아는 거의 모든 사람이 친숙하게 받아들이는 표현 형식이 되었다(시간이 경과하면서 이익이나 온도, 오디오의 음량이 왼쪽에서 오른쪽으로 위를 향해 솟아오르는 모습은 우리에게 너무나 낯익다.). 우리는 공간 감각에 의존하여 시간의 경과를 본다(시간은 일반적으로 왼쪽에서 오른쪽으로 흘러가지만 진화의 도식에서는 까마득한 과거가 밑바닥에 놓이고 현재는 꼭대기에 온다.). 이런 예들에서 알 수 있듯이 언어적 요청을 받았을 때 이런 도해를 상상할 수 있는 능력은 그레고리 생물의 특성이다. 이런 도해를 상상할 수 있는 것은 우리가 그것을 그릴 수 있고 볼 수 있으며 일시적으로나마 외부 세계에 부려 놓을 수 있기 때문이다.

이렇게 인공물의 도움을 얻어 발전한 상상력 덕분에 우리는 4장에서 논의한 행운의 동전 에이미의 경우처럼 이렇다 할 구체성도 없고 잘 식별되지도 않는, 형이상학적으로만 가능한 존재들을 명확히 설정할 수 있다. 우리는 어제의 진짜 에이미와 무더기로 쌓여 있는 고만고만해 보이는 동전 중의 하나를 잇는 눈에 보이지 않는 궤적을 상상해야 한다. '마음의 눈'으로 그 궤적을 그려야 한다. 안에서든 밖에서든 그런 시각적 도움을 얻지 못한다면 우리는 추상적 관측에 커다란 어려움을 느낄 것이다. 그렇다면 장님으로 태어난 사람은 그런 추상적 논의에 참여할 수 없다는 뜻인가? 그렇지 않다. 맹인도 공간 속에서 움직이는 대상을 추적할 수 있는 자기만의 방법과 자기만의 독특한 공간 상상력을 발전시키기 때문이다. 하지만 귀머거리나 장님으로 태어난 사람이 채택하는 추상적 사고의 양식과 보통 사람의 것에서 차이점이 발견될 경우 그것이 어떤 차이점인가를 연구하는 것은 흥미로운 물음이 아닐 수 없다. 마음의 도구들로 무장한 탓에 우리는 세계에 대한 우리의 사유 방식은 유일한 것이 아니며 더욱이 세계와 무난히 교섭하기 위해 반드시 전제되어야 할 조건도 아니라는 사실을 간혹 망각한다. 언뜻 보면 개와 돌고래, 박쥐는 지능을 너무나 생생하게 보여 주기 때문에 우리와 같은 개념을 당연히 가지고 있어야만 하는 것처럼 보이지만 가만히 보면 반드시 그렇지도 않다. 진화론적 관점에서 우리가 다른 생물들의 존재론과 인식론에 관하여 제기한 상당수의 물음에는 아직 답이 나오지 않았다. 그 답변은 아마 틀림없이 놀라운 내용이리라. 우리는 겨우 첫발을 내디뎠을 뿐이다. 그리고 지금까지 간과되었지만 탐구할 필요성이 있는 몇 가지 가능성을 알아본 데 지나지 않는다.

우리가 문화에서 얻는 마음의 도구에서 가장 중요한 것은 당연히 언어다. 처음에는 입으로 말하는 언어, 그 다음에는 손으로 쓰는 언어가 등장했다. 언어는 발신 장치와 표지판이 구조가 단순한 생물의 세계를 원활하게 탐색하게 해 주듯이 인식을 도와 우리의 지능을 끌어올린다. 추상적이며 다층적인 관념 세계로의 항해는 공유하고 비판하고 기록되고 다양한 관점에서 볼 수 있으며 이

동과 기억이 가능한 막대한 분량의 표지판이 없다면 애당초 불가능하다. 우리는 말하기와 글쓰기가 수십만 년(혹은 수백만 년)의 격차를 두고 나타났으며 각각의 고유한 힘을 가진 확연히 구별되는 혁신이었다는 점을 염두에 두어야 한다. 특히 뇌나 마음을 이론화할 때 우리는 이 두 가지 현상을 하나로 묶는 경향이 있다. 인지 작용의 매질로서 '사고 언어'의 가능성을 언급하는 글은 대부분 우리가 '쒸어진' 사고 언어를 생각한다는 전제에서 출발한다. 그런 경향을 몇 해 전에 나는 "뇌는 쓰고 마음은 읽는" 식이라고 꼬집은 바 있다. 언어의 등장이 우리의 인지력을 어떻게 확장시켰는가를 파악하기 위해서 우리는 쒸어진 사고 언어보다는 말해진 사고 언어가 왜, 그리고 어떻게 유익한 결과를 초래하는가를 중점적으로 고찰해야 한다.

혼잣말의 힘

훈련되지 않은 유아의 마음이 지능을 가지려면 규율과 자발성을 얻어야 한다.

―앨런 튜링(Alan Turing)

    마음의 설계 역사에서 언어의 발명보다 더 획기적이고 폭발적이고 의미심장한 발전 단계는 없었다. 이런 발명의 수혜자가 된 호모 사피엔스는 미래를 내다보고 과거를 반성하는 능력에서 지상의 어떤 종도 넘볼 수 없는 독보적 지위로 올라섰다. 종 전체에 적용되는 논리는 개체에게도 적용된다. 개인의 삶에서 말하기를 '배우는' 것보다 더 근본적인 변화를 가져오는 경험은 없다. 내가 따옴표를 사용할 수밖에 없는 이유는 유아가 다양한 방식으로 언어를 습득할 수 있는 유전적 구조를 갖고 태어난다는 사실을 (언어학자와 언어심리학자의 연구 덕분에) 우리가 이미 알고 있기 때문이다. 현대 언어학의 아버지라 할 수 있는 놈 촘스키(Noam Chomsky)는 (약간의 과장을 섞어) 새는 스스로의 깃털에 대해서 배울 필요가 없고 아기는 언어를 배울 필요가 없다고 주장했다. 언어 사용자(혹은 깃털 사용자)를 설계하는 지난한 작업은 이미 아득한 과거에 완성되어 주어진 맥락 안의 어휘와 문법 조건에 쉽게 적응할 수 있는 타고난 재능과 성향의 형태로 유아에게 제공된다. 아이는 숨 가쁘게 빠른 속도로 언어를 습득한다. 몇 년의 세월에 걸쳐서 매일 평균 10여 개의 새로운 단어를 배우다가 청소년기에 이르러서야 그 속도가 뚝 떨어진다. 아이는 초등학교에 들어가기 전까지 아주 복잡한 문법적 측면을 제외한 언어의 모든 영역에 통달한다. 아기는 가족들과 언어적 교섭을 할 뿐 아니라 몇 시간씩 스스로에게 말을 건다. 처음에는 재잘거리는 차원에 머물다가 조금 지나면 북돋거나 달래거나 설명하거나 구워삶는 등의 다양한 말투로 단어나 의미가 통하지 않는 철자를 교묘하게 섞는 일에 빠져든다. 이것은 궁극적으로 자기 해설로 발전한다.

아이는 혼잣말을 즐긴다. 혼잣말은 아이의 마음에 어떤 작용을 할까? 아직은 그 질문에 답변할 자신이 없지만 차후의 연구를 위해 몇 가지 추론은 제시할 수 있다. 아이가 언어를 배우는 과정에서 처음에 어떤 일이 생기는지를 따져 보자. "뜨거워! 난로를 만지면 안 돼!" 엄마가 이렇게 말한다. 이 시점에서 아이가 뜨거움, 만지기, 난로 같은 단어의 의미를 반드시 알아야 할 이유는 없다. 이 낱말들은 일차적으로는 그저 소리에 불과하다. 아이에게 특정한 향기, 특정한 친숙성, 특정한 기억 가능성을 지니는 청각적 사건 유형에 불과하다. 청각적 사건 유형은 상황 유형(난로에 대한 접근과 회피)을 낳는데 상황 유형에서는 특정한 금지가 들리는 것은 물론 청각적 모방이 반복적으로 이루어진다. 거칠게 단순화시킨 예지만 아이가 스스로에게 (큰 소리로) "뜨거워!", "만지면 안 돼!"라고 말하는 습관을 들였으면서도 이 단어들이 무엇을 뜻하는지에 대한 개념은 별로 없고 그저 난로에 다가갔다가 피하는 반복 행동과 관련된 부분 연상처럼 또는 시도 때도 없이 중얼거리는 일종의 주문처럼 내뱉는 상황을 가정하자. 아이는 자기가 얼마 전에 들었던 낱말을 되풀이하는 버릇이 있다. 이치에 닿거나 말거나 이 낱말을 되풀이하는 과정에서 아이는 청각적 속성, 그와 공존하는 감각적 속성, 내부 상태 따위를 연결하는 확인 고리와 연상 경로를 구축하는 것이다.

내가 거칠게 묘사한 이 과정은 현실에서도 일어나고 있을 가능성이 무척 높다. 이 과정은 우리가 어설픈 자기 해설이라고 말할 수 있는 습관으로 이어질 수 있다. 처음에 아이는 부모의 훈계가 유발한 일관된 청각적 연상에서만 자극을 얻지만 차츰 자신의 활동에 '해설'을 가함으로써 음성 회로를 덧붙이는 습성을 익힌다. 아이가 처음 하는 말은 감정은 잔뜩 실려 있되 의미 파악은 거의 이루어지지 않은 채 나오는 단어 몇 개와 제대로 이해된 단어 몇 개가 뒤섞인 '낙서'의 수준을 넘어서지 못한다. 처음에는 흉내 훈계, 흉내 금지, 흉내 칭찬, 흉내 묘사가 주류를 이루지만 궁극적으로는 진짜 훈계, 진짜 금지, 진짜 칭찬, 진짜 묘사로 발전한다. 딱지의 의미를 제대로 이해하기 전에 이미 딱지 붙이는 습관이 확고히 자리 잡는다.

 다시 말해 상황에 맞거나 말거나 그저 딱지를 흉내 내던 초반에는 그토록 '멍청'해 보이던 행동이 조만간 자신의 상태와 활동을 스스로에게 새로운 방식으로 표상하는 습관으로 발전할 수 있다. 한편으로는 청음과 조음 과정, 다른 한편으로는 그와 동시에 일어나는 활동 양태 사이에서 아이가 더 많은 연관성을 찾아내면 아이의 기억 안에는 현저히 튀어나온 교점들이 생겨난다. 이해되지 않은 단어도 우리에게 친숙하게 다가올 수 있다. 하나의 딱지가 체계 안에서 독자성을 누릴 수 있는 것은 이런 친숙성의 닻 때문이다. 그런 독자성이 없으면 딱지는 눈에 들어오지 않는다. 뇌의 자원을 다듬는 과정에서 유용하고 조작 가능한 딱지로서의 구실을 하려면 단어는 체계 안에 어느 정도 깔린 연관성을 언제라도 고양시킬 수 있어야 한다. 단어는 자의적일 수 있지만 그런 자의성 덕분에 단어의 개성이 유지되기도 한다. 딱지를 못 보고 넘어갈 확률이 줄어들기 때문이다. 구두 상자의 움푹 팬 구멍처럼 한 특성이 주변 상황으로 녹아 사라질 가능성이 없다는 뜻이다. 단어는 그것이 만들어졌을 당시의 의도성을 항상 달고 다닌다.

단어(또는 낙서 또는 혼자만 쓰는 조어)를 통해 이루어지는 의도성 짙은 딱지 붙이기의 기원은 바로 어설픈 자기 해설일 수 있다고 나는 생각한다. 딱지 붙이기는 더욱 효율화하여 궁극적으로는 청음과 조음의 연관성에만 의존하기에 이른다. 아이는 큰 소리로 하는 흉내말을 포기하고 자기 활동에 대한 딱지로서 개인적이며 발성되지 않는 조어를 만들어 낸다.

우리는 한 언어적 대상물을 발견된 대상물로 받아들여(비록 우리가 다른 누군가로부터 들어서라기보다는 우여곡절 끝에 스스로 만들어 낸 것이라 할지라도) 더욱 심도 있는 고찰을 위해 다른 곳에 저장할 수 있다. 우리가 그렇게 할 수 있는 것은 다양한 상황에서 그런 딱지를 재인식하고 확인하는 능력이 있기 때문이다. 딱지를 확인하기 위해서는 그 딱지에도 기억될 만한 특징이 있어야 한다. 딱지가 만들어지고 그 딱지를 경험했던 상황에 덧붙이는 습관이 뿌리내리면 모든 형태 인식 기제, 연상 구축 기제의 대상이 될 수 있는 새로운 대상군이 탄생한 셈이다. 과학자가 실험을 통해 고생스럽게 얻은 사진을 서두르지 않고 느긋하게 검토할 수 있듯이 우리도 기억에서 거두어 올린 다양한 딱지를 되새길 수 있다.

발전을 거듭하면서 우리의 딱지는 점점 정교해지고 명료해지고 분절되어서 종국에 가서는 거의 마술에 가까운 경지에 이른다. 표상에 대한 단순한 성찰만으로 그에 관련된 모든 앎을 떠올릴 수 있는 단계에 도달하는 것이다. 우리는 우리가 만든 대상의 이해자가 된다. 기억 속에 들어 있는 이 인공의 교점, 들리고 말해지던 단어들의 이 어슴푸레한 그림자를 개념이라고 부를 수 있으리라. 그렇다면 개념은 자신의 수많은 연상물 중에 단어(공적이건 사적이건)의 청음적, 조음적 특성을 담을 수도 담지 않을 수도 있는 내부 딱지다. 단어는 개념의 원형 또는 조상이라고 나는 생각한다. 우리가 다룰 수 있는 최초의 개념은 내가 보기에는 '발성된' 개념이다. 다룰 수 있는 개념만이 검토 대상이 될 수 있다.

플라톤은 『테아이테토스(*Theaetetos*)』에서 사람의 기억을 거대한 새장에 비유했다.

> 소크라테스: 이제 지식이, 어떤 사람이 몇 마리 붙잡아서 집에 있는 새장에 넣어 둔 야생의 새처럼 자네가 가지고 다니지 않는 방식으로도 소유할 수 있는 대상인지를 고찰해 보세. 물론 어떤 의미에서는 우리

는 그 사람이 새를 소유하고 있는 한 항상 새를 '가진다.'라고 말할 수 있을 테지?

테아이테토스: 예.

소크라테스: 자기 집 울타리 안에 생포해 두었으므로 또 어떤 의미에서 그는 새를 한 마리도 못 '가진다.'고 볼 수 있어. 마음 내키면 언제든 새를 붙잡았다가 도로 놓아줄 수 있다네. 그가 그 행동을 하느냐 마느냐에 따라서 그는 새를 가지고 있기도 하고 안 가지고 있기도 하지.

다시 말해서 필요한 새를 필요한 순간에 붙드는 것이 중요하다는 말이다. 우리는 어떻게 그런 일을 해 내는가? 기술 덕분이다. 우리는 표지점, 딱지, 운반로와 사다리, 고리와 사슬 같은 정교한 기억 연상 체계를 만든다. 끊임없이 반복하고 수선하면서 자원을 가다듬어 뇌(그리고 우리가 획득한 모든 관련 주변 장치)를 체계화된 거대한 네트워크로 바꾼다. 이제까지의 증거에 따르면 사람을 제외하고는 어떤 동물도 이런 일을 하지 못한다.

6
우리 마음과 다른 마음

일단 '왜'와 '왜냐하면'의 뜻을 깨친 아이는
정식으로 인류의 일원이 된다.

—일레인 모건(Elaine Morgan)
『아이의 후손(Tne Descent of the Child)』

우리의 의식, 그들의 마음

마음이 부분들의 결합으로 나타났고 지금도 그 부분들에 의지한다는 사실을 깨닫는다면 마음은 우리에게 덜 기적적인 것으로 다가온다. 무엇보다도 우리는 종이와 연필도 쓸 수 없고 말, 의사소통, 묘사를 할 줄도 모르는 벌거벗은 사람의 마음을 한 번도 본 적이 없다. 우리가 접하는 사람의 마음, 특히 내가 '안에서' 바라보는 나 자신의 마음을 포함해서 모든 사람의 마음은 그저 자연 선택만의 산물이 아니라 어마어마한 규모로 이루어진 문화적 재설계의 결과이기도 하다. 마음의 구성 요소들이 어떻게 만들어졌는지를 이해하지 못하는 사람의 눈에는 마음은 기적 같은 현상으로 받아들여지기 쉽다. 마음을 이루는 구성 요소 하나하나는 장구한 설계의 역사를 지니고 있다. 때로 수십억 년에 이르기도 한다.

사고 능력을 가진 생물이 탄생하기 전에도 자신이 무슨 일을 하는지, 그리고 그 일을 왜 하는지 전혀 깨닫지 못한 상태에서 그저 추적하고 식별하는 장치로서 기능하는 비사고 생물이 있었다. 원시적 지향성을 지닌 이 장치는 제 역할을 톡톡히 해 냈다. 대상의 변칙적인 움직임에 기민하게 대응하면서 표적을 추적하는 데 탁월한 능력을 보였으며 자신의 임무를 망각하고 엉뚱한 데서 시간을 허비하는 경우도 별로 없었다. 오랜 세월이 흐르면서 이런 장치의 '설계'는 단순히 도주하는 짝이나 사냥감의 차원을 넘어 좀 더 추상적인 것, 곧 자기 기능의 자유롭게 떠다니는 사연을 추적할 수 있는 능력을 갖게 되었다. 상황이 변하면서 이 장치의 설계는 행위자에게 이성을 가져야 한다는 부담을 지우지 않으면서도 새로운 조건에 맞게 적절히 대응했다. 그러나 이런 생물도 먹이를 사냥하면서 자기가 사냥한다는 사실을 깨닫지는 못했고 도망가면서도 자기가 도망간다는 사실을 깨닫지 못했다. 그들은 자기에게 필요한 노하우만 가지고 있었다. 노하우는 일종의 지혜며 유익한 정보지만 표상된 지식은 아니다.

그러다가 어떤 생물이 제어하기 쉬운 환경의 일부를 다듬어 내부와 외부 모두에 표지판을 세우기 시작했다. 문제들을 뇌의 다른 부위는 물론 바깥 세계에도 부려 놓았던 것이다. 그들은 표상을 만들고 그것을 이용했지만 자신이 그런 행위를 한다는 사실은 몰랐다. 알 필요도 없었다. 깨달음 없이 이루어지는 이런 표상 활동을 '사고'라고 부를 수 있을까? 만일 그렇게 부를 수 있다면 우리는 이 생물이 사고는 하지만 자기가 사고한다는 것을 모른다고 말해야 할 것이다! 무의식적 사고인 셈이다. 그러나 역설을 즐기는 사람만이 이런 식의 표현에 거부감을 갖지 않을 것이다. 이런 식의 표현 대신 '지능은 있지만 사고는 없는 행동'이라고 말하면 오류에 빠질 가능성을 줄일 수 있다.

사람도 물론 생각 없이 지능이 깃든 행동을 수없이 많이 한다. 생각을 하지 않으면서 이를 닦고 구두끈을 묶고 운전을 하고 심지어는 묻는 질문에 대답까지 한다. 그렇지만 우리가 하는 이런 활동의 성격은 조금 다르다. 다른 생물은 생각하지 않는 상태에서 이루어지는 자신의 지능 활동에 대해 생각할 수 없는 반면 우리는 그것에 관해서 생각할 수 있기 때문이다. 사실 운전 같은 우리의 비사고 활동 가운데 상당수는 명백하게 자의식적인 설계의 오랜 발전 과정을 거쳐야 비로소 비사고 단계에 진입할 수 있다. 어떻게 이런 일이 가능할까? 우리가 언어를 배우면 뇌 안에서도 개선이 이루어지며 그 덕분에 우리는 자신의 활동을 평가하고 회상하고 반복하고 재편할 수 있다. 우리 뇌는 일종의 반향실(反響室)이 된다. 반향실이 없었다면 그저 사라져 버렸을 과정들이 그 안에서 머물면서 그 자체가 대상이 되어 버린다. 가장 오래 버티면서 그 와중에서 영향력을 획득한 과정이 우리가 말하는 의식적 사고다.

마음의 내용물은 뇌 안에 있는 특수한 방에 들어가거나 어떤 특별하고 신비로운 매질로 변환되어야 의식이 되는 것은 아니다. 행동 제어의 주도권을 잡기 위해서, 바꿔 말해 장기적 영향을 미치기 위해서, 또는 오해를 낳기 쉬운 표현이지만 '기억에 들어가기' 위해서는 마음의 다른 내용물들과 경쟁을 벌여 승리해야 의식이 된다. 우리는 말을 하는 존재며 우리의 활동 중 가장 큰 영향력을 가진 것 중 하나가 바로 언어 사용이기 때문에, 어떤 마음의 내용물이 마음 안에서 실력자가 되기 위해서는 바로 언어 사용을 관장하는 위치로 올라서는 것이 가장 효과적이다.

인간의 의식을 이런 식으로 풀이하면 사람들은 너나없이 당혹스럽다는 반응을 보인다. 예를 들어 이런 식이다. "어처구니없는 이 모든 경쟁 과정이 나의 뇌에서 벌어진다고 가정하자. 그리고 당신이 말하는 대로 의식 과정이 그 경쟁에서 승리한 과정에 불과한 것이라고 가정하자. 어떻게 '그것'이 과정을 의식으로 만드는가? '내'가 그 과정에 대해서 알고 있다는 주장을 참으로 만들어 주는, 그 과정 옆의 과정은 어떻게 되는가? 결국 설명해야 하는 것은 1인칭 시점에서 내가 아는 '나'의 의식인 것이다!" 이런 반론은 뿌리 깊은 오해를 드러낸다. 그들은 '나'는 무언가 다른 것, 뇌와 몸의 모든 활동에 부가되어 있으며 데카르트가 말한 사유하는 것(*res cogitans*)의 일종이라고 전제하기 때문이다. 그렇지만 나는 내 몸이 발전시킨 갖가지 능력들 사이에서 벌어지는 모든 경쟁 활동의 조직화일 뿐이다. 나는 내 몸에서 벌어지는 이것들에 대해서 '자동으로' 안다. 내가 그것을 모르면 그것은 내 몸이 아닐 터이기 때문이다!(다른 사람의 장갑을 자기 것으로 잘못 알고 실수로 가져갈 수는 있다. 그러나 다른 사람의 손으로 계약서에 서명할 수는 없으며 다른 사람의 손을 자기 손으로 오인하는 실수도 일어날 수 없다. 다른 사람의 슬픔이나 두려움을 자기 것으로 착각하는 일도 일어날 수 없다.)

내가 타인에게 들려주는 동작과 사건, 거기에 덧붙이는 이유는 모두 내 것이다. 내가 그것을 만들었고 그것이 나를 만들었기 때문이다. 나라는 존재는 내가 그 존재의 삶에 대해서 말할 수 있는 행위자다. 자기 묘사의 과정은 코흘리개 아이 때부터 시작되며 처음부터 엄청난 양의 환상이 담겨 있다(만화 주인공 스누피가 자기 집 위에 앉아서 "출격을 앞둔 제1차 세계 대전 당시의 전투기 조종사가 여기 있노라."라고 생각하는 장면을 떠올려 보라.). 그 환상은 평생토록 지속된다(장 폴 사르트르(Jean Paul Sartre)가 『존재와 무(L'Etre et le neant)』에서 소개한 "그릇된 믿음"을 가진 카페 웨이터가 떠오른다. 그는 웨이터로서의 자기 묘사에 부응할 수 있는 길을 배우겠다는 생각으로 똘똘 뭉친 사람이었다.). 이것이 우리가 살아가는 모습이다. 이것이 우리의 실상이다.

다른 동물의 마음은 사람의 마음과 정말 그렇게도 다른가? 간단한 실험을 해 보자. 여러분이 이제까지 한 번도 상상한 적이 없을 거라고 내가 감히 단언하는 장면을 상상해 보시라. 하얀 가운을 입은 남자가 빨간 플라스틱 물통을 이빨로 물고 밧줄을 타고 기어오르는 모습을 아주 구체적으로 상상해 보기 바란다. 이것은 여러분의 마음이 얼마든지 수행할 수 있는 쉬운 과제다. 침팬지도 이런 마음의 과제를 수행할 수 있을까? 힘들 거라고 본다. 나는 일부러 실험실에서 생활하는 침팬지의 지각 세계와 행동 세계에서 모두 낯익은 대상이라 할 수 있는 요소들(남자, 밧줄, 기어오르기, 물통, 이빨)을 골랐다. 침팬지는 남자, 밧줄, 물통 등을 얼마든지 지각할 수 있을 거라고 나는 확신한다. 그렇다면 적어도 나는 그 침팬지가 남자, 밧줄, 물통의 개념은 가지고 있다는 것을 인정하는 셈이다. 내가 던지려는 질문은 침팬지가 이런 개념들을 가지고 무엇을 할 수 있는가 하는 것이다. 제1차 세계 대전으로 거슬러 올라가자. 당시 독일의 심리학자 볼프강 쾰러(Wolfgang Köhler)는 침팬지가 사고를 통해 어떤 유형의 문제를 해결할 수 있는지 알아보기 위해 몇 가지 유명한 실험을 했다. 우리 안에 있는 침팬지가 팔을 뻗어도 닿지 않는 천장에 매달린 바나나를 손에 넣으려고 상자를 쌓아 올리는 요령을 터득할 수 있을까? 혹은 두 개의 막대기를 하나로 이어 바나나를 쳐서 떨어뜨리는 법을 알아낼 수 있을까? 일반적 통념에 따르면 쾰러의 침팬지는 이런 문제를 해결해야 했지만 침팬지는 인상적인 능력을 보여 주지 못했다. 어떤 침팬지는 수많은 시행착오 끝에 문제를 해결했지만 어떤 침팬지는 끝내 헛수고만 했다. 현재 이루어지는 훨씬 더 정교한 실험을 비롯하여 그 후로도 연구가 이어졌지만 이 모든 단서가 주어졌을 때 과연 침팬지가 무엇을 생각할 수 있는가 하는 얼핏 보기에 간단한 물음에는 아직도 제대로 된 답이 나오지 않았다. 그렇지만 쾰러의 실험이, 많은 사람이 생각하듯 그런 질문에 대한 답을 내놓았다고 일단 가정해 보자. 문제 해결의 요소들이 눈앞에 있고 그것들을 쉽게 사용할 수 있는 위치에 있으며 시행착오를 얼마든지 여러 번 되풀이할 수 있다는 조건이 주어졌을 경우 침팬지가 이런 종류의 문제를 해결하는 요령을 실제로 알아냈다고 보자는 말이다.

내가 던지는 질문은 약간 다르다. 침팬지는 이런 요소들이 눈앞에 제공되지 않았을 때 그 문제 해결의 요소들을 과연 떠올릴 수 있을까? 방금 전에 여러분이 상상한 내용은 나의 언어적 요청에 의해 촉발된 것이었다. 나는 여러분이 그런 요청을 자기 자신에 대해서도 얼마든지 할 수 있으며 그 요청에 따라서 참신한 이미지를 얼마든지 만들어 낼 수 있다고 확신한다(그것은 우리가 늘 하는 일이기도 하다. 우리는 순간순간 우리의 관심에 부응할 수 있도록 세심하게 가공된 정교한 상상 활동을 일상적으로 즐긴다.). 내가 앞의 장들에서 펼친 이론은 침팬지에게는 그런 활동을 벌일 능력이 없다는 것을 암시한다. 침팬지가 어쩌다가 우연히 서로 연관된 개념들을 한자리에 모으고 그때 나타난 뜻밖의 결과에 관심을 기울일 수 있을지는 모르지만 그럼에도 불구하고 침팬지에게는 자기의 자원을 움직이고 조작할 수 있는 능력이 없다고 나는 생각한다.

침팬지의 마음에 관한 이런 식의 질문들은 비교적 간단한 것인데도 아직 아무도 여기에 답변하지 못하고 있다. 답을 얻기가 불가능한 것은 아니지만 적절한 실험을 고안하기가 쉽지 않다. 이런 질문들은 동물이 가진 뇌의 상대적 크기를 비교한다든가, 동물의 인지 능력(기억력, 식별력 등)을 측정함으로써 해결될 수 있는 성질의 문제가 아니라는 데 유의하자. 분명히 침팬지의 뇌 안에는 그런 과제를 해결하는 데 필요한 원료로서 필요한 모든 정보가 각종 기구 안에 저장되어 있을 것이다. 문제는 그런 기구가 그런 식의 활용을 가능케 하는 방식으로 조직화되어 있느냐 하는 것이다(많은 새가 들어 있는 커다란 새장이 있다고 하자. 여러분은 그 새들이 가지런히 대오를 이루면서 날게 할 수 있는가? 이처럼 새가 새장에 들어 있다는 것과 그들로 하여금 대오를 이뤄 날게 하는 것은 별개의 문제이다.). 마음에 위력이 있다는 것, 곧 마음에 의식이 있다는 것은 마음의 색다른 구성 요소나 크기와는 상관이 없고 마음이 무엇을 할 수 있는가와 관계있다. 집중을 할 수 있는가? 마음의 관심을 흐트러뜨릴 수 있는가? 과거의 사건을 회상할 수 있는가? 한꺼번에 여러 대상을 추적할 수 있는가? 자기가 지금 벌이는 활동의 어떤 특성을 탐지하고 기록할 수 있는가?

이런 질문들에 답할 수 있을 때 우리는 윤리적으로 중요한 물음에 답하기 위해서 마음에 대해 우리가 알아야 하는 모든 것을 알게 될 것이다. 그 답은 우리가 의식이라는 개념에 대해서 알고 싶어 하는 모든 내용을 담을 수 있지만, 단 하나, 어느 작가가 최근에 말한 것처럼 그런 생물의 "정신의 빛이 꺼져 있는가?"의 여부는 말해 주지 못할 것이다. 많은 사람이 그 점을 궁금해 하지만 이것은 썩 좋은 생각은 아니다. 지금까지 누구도 정신의 빛이라는 개념을 명확히 정의하려고 시도한 사람은 없었다. 우리가 어떤 생물의 마음에 대한 모든 질문에 답했다고 가정하자. 그런데 이제 어떤 철학자들이 우리는 아직도 정신의 빛이 켜져 있는가, 꺼져 있는가 하는 너무도 중대한 질문에 답하지 못하고 있다고 문제를 제기한다. 그 답이 무엇이든 철학자들의 이러한 문제 제기가 정말로 중요할까? 우리는 그 철학자들의 문제 제기를 심각하게 검토하기 전에 먼저 이 질문에 답할 의무가 있다.

개에게는 고양이의 개념이 있을까? 그렇기도 하고 아니기도 하다. 개가 지닌 고양이의 '개념'이 내가 지닌 고양이의 개념과 외연적으로 아무리 가깝다 하더라도(나와 개는 어떤 대상군을 고양이와 비고양이로 똑같이 구분한다.) 한 가지 근본적 차이가 있다. 개는 자신의 개념을 되새기지 못한다는 것이다. 개는 자신이 고양이가 무엇인지를 아는지 스스로에게 묻지 못한다. 개는 고양이가 동물인지 아닌지에 흥미를 갖지 못한다. 고양이의 본질을 단순한 우연적 속성(고양이에서 반사된 빛)과 구분하려는 시도를 하지 못한다. 개의 세계에서 개념은 고양이처럼 대상으로 받아들여지지 않는다. 인간의 세계에서 개념은 대상이다. 인간에게는 언어가 있기 때문이다. 북극곰은 사자와는 달리 다양한 방식으로 눈(雪)과 대면한다. 따라서 어떤 의미에서 북극곰에게는 사자에게는 결여된 눈의 개념이 있다. 그러나 언어를 갖지 못한 어떤 포유동물도 인간과 같은 방식으로 눈의 개념을 가질 수는 없다. 언어가 없는 포유동물은 눈 '일반' 혹은 눈 '자체'를 고찰하는 방법을 모르기 때문이다. 북극곰이 눈에 해당하는 단어(자연어)를 갖지 못한 것은 사소한 문제가 아니다. 자연어가 없이는 내부의 복잡하게 얽힌 연관성으로부터 개념을 짜내 그것을 다룰 수 있는 능력도 생길 수 없기 때문이다. 우리는 눈에 대한 북극곰의 암묵적 또는 과정적 지식(북극곰의 눈에 대한 노하우)에 대해서 말할 수 있고 심지어는 그것을 탐구할 수도 있지만 그것은 북극곰이 자유자재로 부릴 수 있는 개념은 아니라는 사실을 명심해야 한다.

"말은 못할지언정 분명히 생각은 한다!" 이 책의 주된 목표 중 하나는 이런 일반적 반응에 담긴 여러분의 확신을 뒤흔드는 것이다. 어쩌면 인간이 아닌 동물의 정신 능력을 투명하게 이해하는 데 가장 큰 걸림돌로 작용하는 것은 동물의 영리한 행동에 인간의 의식과 흡사한 반성적 의식의 흐름이 수반되고 있으리라는 거의 맹신에 가까운 우리의 상상인지도 모른다. 그것이 수반되지 않는다는 것을 알게 되었다는 말이 아니다. 다만 연구의 초기 단계에서는 그런 섣부른 가정을 해서는 안 된다는 말이다. 이 문제에 대한 철학적, 과학적 사유는 토머스 네이글(Thomas Nagel)이 1974년에 발표한 고전적 논문 「박쥐처럼 되면 어떻게 될까?(What Is It Like to Be a Bat?)」에서 지대한 영향을 받았다. 제목 자체가 우리를 그릇된 발판 위에 올려놓아 박쥐가(혹은 다른 동물이) 무엇'처럼 되지' 않으면서도 영리한 행동을 할 수 있는 온갖 다양한 방식을 무시하도록 암암리에 유도하고 있다. 만약 네이글이 던진 질문이 합당하다고 별 생각

없이 전제하거나 우리가 안다고 전제한다면 우리는 결코 파헤칠 수 없는 수수께끼를 하나 만든 셈이다.

새처럼 둥지를 만들면 어떻게 될까? 이런 질문을 받으면 우리는 내가 새라면 어떻게 둥지를 만들까 상상하면서 세세한 과정을 머릿속으로 비교하기 시작한다. 그러나 둥지 만들기는 우리가 일상적으로 하는 행동이 아니므로 우리는 먼저 자신에게 익숙한 행동이 무엇인지를 떠올릴 필요가 있다. 가령 구두끈 매기는 어떤가? 구두끈을 매는 일에 우리의 관심이 쏠릴 때도 있지만 어떤 경우에는 머릿속으로는 다른 생각을 하면서 본인은 전혀 의식하지 못하지만 손가락이 알아서 척척 구두끈을 매기도 한다. 그래서 우리는 새도 아마 백일몽을 꾸든가 내일의 활동을 구상하면서 둥지를 만들 것이라고 상상할 수 있다. 그럴지도 모른다. 그렇지만 이제까지의 연구는 새에게는 그런 능력이 없음을 강력히 시사한다. 관심을 기울이는 것과 마음은 다른 데 가 있으면서 일을 하는 것에서 여러분이 느끼는 차이점을 새도 느낀다고 생각하면 안 된다. 우리가 자신이 하는 행위의 내용과 이유에 대해서 사려 깊게 반성적으로 생각해야만 둥지를 만들 수 있다고 해서 새도 둥지를 만들 때 자기의 행동에 대해서 나름의 생각을 하고 있음에 틀림없다고 가정해야 할 이유는 조금도 없다. 인간이 아닌 동물이 보여 주는 영리한 행동을 수행하는 과정에 뇌가 어떻게 관여하는지를 알면 알수록 그 과정은 우리가 막연히 그럴 것이라고 상상했던 사고로서의 성격을 점점 잃는다. 이것은 우리의 사고가 뇌 안에서 전개되는 과정이 아니라는 말도 아니고 사고가 우리의 행동을 다스리는 데 결정적인 역할을 한다는 믿음이 잘못되었다는 말도 아니다. 인간의 뇌에서 전개되는 과정의 일부는 언젠가는 우리가 잘 아는 사고로서 식별될 것이다. 그러나 다른 동물이 정신적 능력을 갖기 위해서 반드시 우리와 비슷한 정신적 삶을 누려야 한다고 보는 것은 선부른 주장이다.

아픔과 괴로움과 의식의 본질

> 모든 인간사에는 뻔하고 그럴듯하지만
>
> 낯익고 옳지 않은 답이 늘 있다.
>
> ─ 헨리 루이 멩컨(Henry Louis Mencken)
> 『편견(*Prejudices*)』 2판

이야기의 막바지로 접어든 이 지점에서 만일 우리가 "그러므로 우리가 알아낸 바로는 곤충, 어류, 파충류는 전혀 감지력이 없는 자동 기계에 지나지 않는 반면 양서류, 조류, 포유류는 감지력이 있거나 우리처럼 의식이 있다! 한 가지만 덧붙이자면 인간 태아는 15주와 16주 사이에 의식을 갖게 된다."라고 말할 수 있다면 얼마나 가슴 뿌듯하겠는가! 윤리적 판단 문제와 관련하여 그런 명쾌하고 그럴듯한 해답은 마음에 큰 위안이 되겠지만 아직까지 그런 결론은 누구도 내놓은 적이 없고 앞으로 그것이 가능하리라고 믿을 만한 근거 또한 없다. 윤리적으로 엄청난 파급 효과를 지닐 정신의 특성을 우리가 제대로 훑어본 것 같지는 않다. 우리가 지금까지 알아낸 정신의 특성은 종의 진화 단계에서든, 개체의 발생 단계에서든 점진적으로 모습을 드러내지만 때로는 일관성이 없고 어지러운 양상으로 나타나기도 한다는 것이다. 물론 계속되는 연구를 통해 지금까지 한 번도 발견되지 않았던 유사점과 차이점의 체계가 확인되어 우리를 감동시키고 덕분에 자연이 경계선을 어디에 왜 그려 넣었는지를 처음으로 이해하게 될 '가능성'도 있기는 하다. 그러나 만일 우리가 그런 발견이 도대체 어떤 것이고 그것이 왜 우리에게 윤리적으로 의미심장하게 다가오는지를 상상조차 할 수 없다면 그것은 별로 기댈 만한 가치가 없는 가능성이다(그보다는 차라리 어느 날 하늘의 구름이 걷히면서 하느님이 나타나서 특별 대우 집단에 어떤 생물은 집어넣고 어떤 생물은 집어넣지 말라고 우리에게 직접 지시를 내리는 상황을 상상하는 게 나을지도 모른다.).

마음(그리고 원시 마음)의 다양한 갈래를 알아보았지만 언어를 가진 인간이 누리는 의식의 유형은 다른 것들과 질적으로 다른 것으로 보인다. 인간의 의식은 마음의 아주 독특한 현상이며 엄청난 위력을 발휘하지만 여기에만 지나친 윤리적 무게를 부여하는 데 반감을 느낄 수도 있다. 윤리의 문제를 따질 때 우리는 미래(그리고 이 세상의 모든 현상)에 대해 심오하고 복잡한 추론을 할 수 있는 능력보다는 괴로움을 감지하는 능력을 중시하고 싶어 할지 모른다. 아픔, 괴로움, 그리고 의식은 어떤 관계에 있을까?

아픔(pain)과 괴로움(suffering)의 구분은 대부분 일상적이며 과학 외적인 대개의 구분이 그러하듯이 경계선이 불투명하지만 그럼에도 불구하고 가치 있고 직관적으로 만족스러운 윤리적 중요성의 지표나 척도가 될 수 있다. 아픔이라는 현상은 여러 종에서 동질적으로 나타나지 않으며 그렇게 단순하지도 않다. 이 현상과 관련된 간단한 물음들에 대한 답변이 얼마나 불투명한가에서 그

점을 확인할 수 있다. 아픔의 수용기에서 들어오는 자극(우리가 잠을 자면서 팔다리의 관절에 부담을 주는 불편한 자세를 유지하지 못하게 하는 자극)은 아픔으로 경험되는가? 아니면 그것을 무의식적 아픔이라고 불러야 마땅한가? 아무튼 그것은 윤리적으로 중요한가? 우리는 신경계가 그처럼 신체를 방어하는 상태를 '감지' 상태라고 부를 수 있을 것이다. 그렇게 불러야 자아, 에고, 주체가 그런 상태를 경험하고 있다는 뉘앙스를 배제할 수 있다. 이 상태가 중요성을 띠기 위해서는 우리가 그것을 아픔이라 부르든 의식 상태라 부르든 경험이라 부르든 이 상태를 괴로움의 원천으로서 중요하게 받아들이는 지속적 주체를 상정해야 한다.

극심한 고통이나 공포 앞에서 나타나는 인격 분열(dissociation) 현상을 검토해 보자. 인격 분열은 학대에 시달리는 아이가 필사적으로 개발한 효과적인 대응 전략으로서 나타나곤 한다. 자신에 대한 끈을 놓아 버리는 것이다. 아이는 아픔을 겪는 사람은 자기가 아니라고 어떤 식으로든 단정한다. 인격 분열에는 두 가지가 있는 것으로 보인다. 아픔이 자기의 아픔이라는 사실을 송두리째 부인하고 멀리서 방관하는 유형이 있고 잠시나마 일종의 복수 인격들로 쪼개지는 유형(이 아픔을 겪는 것은 '나'가 아니라 '그 애'라는 식으로 반응한다.)이 있다. 여기에 대해서 나는 전혀 황당무계하지만은 않은 가설을 내놓고 싶다. 이 두 유형의 반응은 '모든 경험은 어떤 주체의 경험일 수밖에 없다.'는 철학적 원리에 대해서 암묵적으로 다른 태도를 보인다는 것이다. 이 원리를 거부하는 아이는 아픔과 자기와의 관계를 송두리째 거부하므로 아픔이 주체와 연결되지 못한 채 특정인을 해치지 않으면서 배회하도록 방치한다. 이 원칙을 받아들이는 아이는 주체가 될 만한 대리인, 곧 '나 아닌 다른 사람!'을 만들어 낸다(이런 주장을 편다고 해서 아이에게 아픔을 준 가해자의 사악함과 잔학성이 어떤 식으로든 완화된다고 생각하는 것은 결코 아니라는 점을 덧붙인다.). 아무튼 아이는 지독한 고통을 크게 줄일 수 있다. 물론 나중에 성장하여 그런 인격 분열의 후유증으로 값비싼 대가를 치러야 하지만 말이다.

인격이 분열된 아이는 인격이 분열되지 않은 아이보다 괴로움을 덜 겪는다. 그렇다면 자연적으로 분열된 생물에 대해서는 어떤 말을 할 수 있을까? 복잡한 내부 조직화에 이르지 못했을뿐더러 아예 그런 시도조차 하지 않는 그런 생물 말이다. 가능성 있는 하나의 결론은 이렇다. 그런 생물은 구조적으로 정상인이 겪을 수 있는 괴로움의 유형이나 괴로움의 양을 겪을 능력이 없다는 것이다. 만일 모든 비인간 종이 그처럼 상대적으로 비조직화된 상태에 있다면 비인간 동물은 실제로 아픔은 느끼지만 우리와 같은 방식으로 괴로워하지는 못한다는 가설의 근거가 확보된다.

얼마나 편리한 논리인가! 동물 애호가들은 이런 주장 앞에서 당연히 적개심과 분노를 금치 못하리라. 이런 주장은 인간이 동물을 취급하는 일반적 관행에서 우리가 느끼는 불안감을 덜어 주고 사냥꾼, 농부, 과학자가 따가운 시선에서 느끼는 죄책감을 조금이라도 완화시켜 주므로 우리는 이런 가설의 근거를 검토할 때 각별히 신중하고 공정한 자세를 유지해야 한다. 이 시한 폭탄 같은 사안의 어느 쪽으로든 오해가 스며들 소지가 없도록 한순간도 방심해서는 안 된다. 비인간 동물이 사람만큼 괴로움을 겪지 않는다는 주장을 펴면 동물 애호가는 주로 개가 주인공으로 등장하는 가슴 뭉클한 사연으로 반격을 가한다. 왜 그런 사연에서 개가 압도적으로 많이 등장할까? 개가 실제로 다른 포유류에 비해 괴로움을 느끼는 능력이 남다르기 때문일까? 그럴 가능성도 있다. 우리가 지금껏 견지한 진화론의 관점은 그 점을 설명할 수 있다.

인간이 길들인 동물 중에서 오직 개만이, 주인이 개를 '인간화'하기 위해 행한 막대한 양의 행동에 강한 호응을 보인다. 우리는 최선을 다해서 개에게 말을 걸고 개를 가엾게 여기며 개를 벗처럼 대우한다. 그리고 이런 애정에 개가 보이는 정겹고 긍정적인 반응에서 즐거움을 맛본다. 고양이에게도 같은 시도를 할 수 있지만 잘 먹혀들지 않는다. 거기에는 그럴 만한 이유가 있다. 개는 수백만 년 동안 서로 협조하고 어울리면서 살아온 사회성이 강한 포유류의 후예인 반면 고양이는 사회성이 결여된 포유류의 후손이다. 또한 개는 자신의 사촌이라 할 수 있는 늑대, 여우, 코요테와는 사람의 애정에 반응하는 양식이 크게 다르다. 여기에도 그럴 만한 이유가 있다. 개는 바로 그런 차이 때문에 수십만 세대에 걸쳐 선택된 것이다. 『종의 기원』에서 찰스 다윈은 가축의 번식에 사람이 의도적으로 개입한 결과 수천 년이 흐르면서 더 빠른 말, 더 털이 풍성한 양, 더 살찐 소가 나타났고 그보다 더 미묘하고도 강력한 힘이 훨씬 오랜 세월 동안 우리가 기르는 종을 길들였다고 지적했다. 다윈은 이것을 무의식적 선택이라고 불렀다. 우리의 조상은 가축을 선택적으로 길렀지만 자기가 그렇게 행동한다는 사실을 깨닫지 못했다. 이렇듯 별 생각 없이 이루어진 선호가 아주 오랜 세월을 거치면서 개를 사람과 점점 비슷하게 만들었고 사람은 개에게 점점 매력을 느끼게 되었다. 우리가 무의식적으로 선택한 특성 중에는 사람과 잘 어울리는 감수성도 포함되어 있었을 것이다. 인간의 아기가 가지고 있는 것과 비슷한 감수성을 발전시키면서 개는 여러 모로 덕을 보았다. 우리는 개를 마치 사람처럼 대함으로써 실제로 개를 사람에 가깝게 만드는 데 성공했다. 그런 과정을 거치면서 개는 인간의 전유물인 조직 특성을 서서히 발전시켰다. 사람의 의식(심한 괴로움을 느끼는 데 필요한 조건이라 할 수 있는 그런 종류의 의식)이 나의 주장처럼 뇌의 가상 구조 안에서 벌어진 대대적 개편이라면 그런 의식의 형태를 조금이라도 흉내 낼 수 있는 능력을 가진 유일한 동물은 인간의 문화를 통해 그런 가상의 기제를 부여받은 동물일 것이다. 개는 틀림없이 그런 조건에 가장 가깝게 다가서 있다.

아픔은 어떻게 느껴질까? 내가 누군가의 발을 밟으면 그는 잠깐 동안의 분명한(그리고 틀림없이 의식되는) 아픔은 느끼겠지만 부상을 당했다고 보기는 어렵다. 그 아픔은 아무리 강해도 아주 찰나적이어서 별다른 의미를 갖지 못하므로 나는 그의 발에 장기적인 피해를 입히지는 않는다. 이 경우 그가 몇 초 동안 '괴로움'을 느낀다고 말하는 것은 괴로움이라는 비중 있는 단어를 우스꽝스럽게 오용하는 것이며 내가 그에게 불러일으킨 몇 초 동안의 아픔이 특히 내가 고의적으로 발을 밟았다고 그가 생각할 경우 몇 분 동안 그를

짜증스럽게 만든다 할지라도 아픔 그 자체의 윤리적 비중은 무시해도 좋을 정도로 가볍다(만약 내가 그의 발을 밟은 탓에 그가 오페라 아리아를 부르지 못하게 되어 오페라 가수로서의 명성에 먹칠을 하게 되었다면 사정은 전혀 다르겠지만 말이다.).

아픔에 대한 수많은 논의들은 (1) 괴로움과 아픔은 같지만 정도가 다르다, (2) 모든 아픔은 '체험된 아픔'이다, (3) '괴로움의 양'은 ('원리적으로') 모든 아픔을 더하면 셈할 수 있다(아픔은 지속 시간에 강도를 곱한 값이다.)는 암묵적인 가정을 깔고 있는 듯하다. 냉정한 이성의 잣대를 들이대면 이러한 가정들은 우스꽝스럽기만 하다. 여기서 잠시 상상력을 동원하자. '현대 의학이 낳은 기적'에 힘입어 당신이 모든 아픔과 괴로움을 그것이 나타난 맥락에서 떼어 내어 연말까지 유예시킬 수 있다고 가정하자. 당신은 그해 말에 1주일 동안(일종의 부정적 휴가인 셈이다.) 지독한 고통을 감내한다. 또는 가정 (3)을 진지하게 받아들여 지속 시간과 강도를 맞바꾸어 한 해의 모든 고난을 5분 동안의 살인적 일괄 고통으로 응축시킬 수 있다고 가정하자. 잠깐 동안 마취의 도움을 얻지 못하는 지옥의 나락으로 빠지지만 그 시간만 버티면 완전히 정상으로 돌아올 수 있으며 덕분에 다시 1년 동안은 가벼운 두통 한 번 느끼지 않는 생활을 누릴 수 있다면 당신은 그런 조건을 받아들이겠는가? 별다른 함정만 도사리고 있지 않다면 나 같으면 받아들이겠다(물론 이 끔찍한 고통의 와중에서 우리가 죽는다든가 그 후유증으로 미친다든가 하는 사태가 발생하지 않는다는 전제가 필요하다. 고통을 겪는 동안만 미친다면 나는 얼씨구나 하고 그런 조건을 받아들일 것이다.). 설령 괴로움의 총량이 두 곱, 세 곱으로 늘어난다 하더라도 5분이면 모든 게 끝나고 이렇다 할 부작용이 없다면 나는 두말 않고 계약서에 서명할 것이다. 누구라도 그런 조건을 마다하지는 않을 거라고 생각한다. 그렇지만 이것이 가당키나 한 소리인가?

당연히 이 시나리오는 잘못되어 있다. 상상 속에서는 가능할지 몰라도 우리는 그런 식으로 아픔과 괴로움을, 그것들이 나타나는 맥락에서 떼어 낼 수 없기 때문이다. 예상과 여파, 인생의 계획과 전망에 미치는 의미의 인식은 괴로움에 수반되는 '한낱 인지적 부산물'로 접어 두기에는 곤란하다. 직장을 잃거나 다리를 잃거나 명예가 실추되거나 사랑하는 사람을 잃었을 때 우리가 느끼는 억장이 무너지는 듯한 심정은 그 사건이 우리 안에서 유발하는 괴로움은 아니다. 그 사건 자체가 우리에게는 괴로움이다. 이 세상에 존재하는 아직 확인되지 않은 괴로움의 사례를 발견하여 그것을 없애는 데 관심이 있다면 우리는 생물의 뇌를 연구할 것이 아니라 생물의 행동을 연구해야 한다. 물론 생물의 뇌 안에서 일어나는 일은 그 생물이 무슨 행동을 하고 어떻게 그런 행동을 하는지에 대한 풍부한 증거의 원천으로서의 연관성이 크다. 그러나 그런 행동은 숙련된 관찰자에 의해 결국 식물, 계곡의 하천, 내연 기관의 활동처럼 파악될 수 있다. 우리가 관찰하는 생물에게서 (과학의 온갖 방법론을 동원하여 부지런히 조사해 보아도) 괴로움의 징후를 발견하지 못한다면 그 생물의 뇌에 확인 가능한 괴로움은 존재하지 않는다고 안심해도 좋을 충분한 이유가 된다. 만일 괴로움을 발견한다면 우리는 별 어려움 없이 그것을 깨달을 수 있을 것이다. 그리고 그 괴로움은 우리에게 너무도 낯익은 모습으로 다가올 것이다.

이 책은 수많은 질문 공세로 시작되었지만 철학자가 쓴 책인지라 속 시원한 답변이 제시되면서 마무리되지는 않는다. 그러나 나는 이 질문들이 더 나은 질문을 제기할 수 있는 밑거름이 되었으면 좋겠다는 희망을 가지고 있다. 적어도 이 책을 통해 마음의 다양한 갈래를 지속적으로 탐구할 때 따라가도 좋을 길과 피해야 할 함정을 지혜롭게 분간할 수 있게 되기를 바란다.

참고 문헌

이 책을 쓰는 동안 나에게 가장 큰 영향을 준 책들을 여러분이 읽는다는 것은 부질없는 일처럼 보일지 모르겠다. 내가 작업을 충실히 했다면 그중에서 정수만을 뽑아내 여러분의 시간과 공력을 줄일 수 있었을 테니 말이다. 이 말은 어떤 책들에 대해서는 충분히 일리가 있을지 모른다. 그러나 여기 소개하는 책들은 그렇지 않다. 이 책들을 읽지 않은 독자에게는 꼭 한번 읽어 보라는 각별한 당부의 말씀을 드리고 싶고, 이미 읽은 독자에게는 다시 한번 정독하는 기회를 갖기를 부탁한다. 나는 이 책에서 많은 것을 배웠지만, 아직도 배울 것이 많다고 생각한다! 나를 포함하여 모든 사람이 이 책들로부터 많은 가르침을 얻을 수 있다고 나는 믿는다. 어떤 의미에서 이 책은 그러한 책들을 접하도록 동기를 유발하는 안내서의 역할을 맡고 있다.

먼저 잘 알려져 있고 지대한 영향을 미쳤지만 곧잘 오해를 받는 두 권의 철학 서적을 소개하겠다. 그것은 길버트 라일(Gilbert Ryle)이 쓴 『마음의 개념(*The Concept of Mind*)』(1949)과 루트비히 비트겐슈타인(Ludwig Wittgenstein)이 쓴 『철학적 탐구(*Philosophical Investigations*)』(1958)다. 라일과 비트겐슈타인은 모두 마음을 과학적으로 탐구한다는 생각에 강한 적대감을 품고 있었다. 마음에 대한 이 두 철학자의 철두철미한 비과학적 분석의 수준을 자신들은 뛰어넘었다는 것이 인지 이론가들의 통설이다. 이것은 사실과 다르다. 좋은 과학적 질문에 대해 그들이 품었던 실망스러운 오해와, 생물학, 뇌과학에 대한 거의 백지 상태에 가까운 그들의 무지에 대해서는 어느 정도 인정해야겠지만, 그럼에도 불구하고 두 사람은 우리 대부분이 이제야 겨우 이해의 단계로 접어든 심오하고 통찰력 있는 지적을 했다. '비명제적 지식(knowing how)'에 대한 ('명제적 지식(knowing that)'과 구별되는) 라일의 설명은 오래전부터 인지과학자들의 관심과 승인을 얻었지만, 사고는 반드시 사사로운 사고의 장소에서만 수행되는 것은 아니며, 공개된 세계에서도 얼마든지 가능하다는 그의 악명 높은 주장은 대부분의 독자에게 괴팍하고 불순한 동기를 가진 주장으로 받아들여졌다. 그 주장에 일부 지나친 구석이 있는 것은 사실이지만, 라일의 사상을 새롭게 조명한 결과 아직도 찬란한 광채를 발하는 부분이 적지 않다는 사실 앞에서 우리는 놀라움을 금치 못한다. 한편 비트겐슈타인은 과학에 대한 적대감만 라일과 공유할 뿐, 라일의 세계상을 깨닫지 못한 수많은 오해 세력으로부터 우상시되어 왔다. 그런 오해 세력은 무시해도 좋다. 원전으로 돌아가 보라. 그리고 내가 제공하려고 노력하는 렌즈를 통해 읽어 보라. 비슷한 처지에 놓여 있는 인물이 심리학자 제임스 깁슨(James J. Gibson)이다. 그의 놀라우리만큼 독창적인 저서 『지각 체계로서의 감각(*The Senses Considered as Perceptual Systems*)』(1968)은 인지과학자들로부터는 방향이 잘못 설정된 공격을 집중적으로 받았으며, 급진적 깁슨주의자들로 이루어진 추종 세력으로부터는 성전(聖典)으로 떠받들어졌다.

발렌티노 브라이텐베르크의 『운반체 : 인공 심리학 실험 (*Vehicles: Experiments in Synthetic Psychology*)』(1984)은 로봇 공학자들과 인지과학자들 사이에서 일세를 풍미하며 고전으로 자리 잡았다. 내 책을 읽고 아직 생각이 달라지지 않은 사람도 이 책을 읽으면 마음에 대한 생각이 근본적으로 달라질 것이다. 브라이텐베르크로부터 많은 요소를 받아들인 또 한 명의 철학자 댄 로이드(Dan Lloyd)가 1989년에 쓴 『단순한 마음(Simple Minds)』은 이 책과 비슷한 기본 관심 분야를 건드리고 있다. 강조점은 약간 다를지 모르지만, 내가 생각하기에 근본적인 대립은 존재하지 않는다. 이 책을 쓰고 있을 당시 그는 터프츠 대학교의 소장 교수로서 나와 자주 어울렸다. 내가 그에게 어떤 영향을 주었고, 그가 나에게 어떤 영향을 주었는지는 꼭 집어서 말하기 어렵지만, 아무튼 그의 책에는 유익한 내용이 많다. 터프츠 대학교 연구소에 몸담고 있는 다른 동료 교수들, 캐슬린 앳킨스(Kathleen Atkins), 니컬러스 험프리(Nicholas Humphrey), 에번 톰프슨(Evan Thompson)에 대해서도 같은 말을 할 수 있다. 지난 1980년대 중반, 동물의 마음에 대하여 고찰할 때, 우리가 왜 낡은 인식론과 존재론으로부터 벗어나야 하고 어떻게 벗어날 수 있는지를 처음으로 나에게 보여 준 사람은 에이킨스였다. 예를 들어 그녀가 쓴 『과학과 우리의 내면 생활: 맹금류, 네발 짐승, (깃털 없는) 보통 두발 짐승(Science and our Inner Lives: Birds of Prey, Beasts, and the Common (Featherless) Biped)』과 「따분하다는 것과 근시안적이란 어떤 상태인가?(What Is It Like to Be Boring and Myopic?)」를 읽어 보라.

니컬러스 험프리는 1987년에 몇 년 예정으로 나와 공동 연구를 진행하기 위해 터프츠 대학교에 왔다. 수없이 많은 토론을 벌였는데도 불구하고, 나는 아직 그가 『마음의 역사(*A History of the Mind*)』(1992)에서 개진한 생각에 동의하지 않는다. 에번 톰프슨은 연구소에 있는 동안 프랜시스코 바렐라(Francisco Varela), 엘리노어 로시(Eleaor Rosch)와 함께 『육체화된 마음(*The Embodied Mind*)』(1990)을 펴냈다. 이 책이 나에게 미친 영향은 쉽게 감지되리라고 나는 확신한다. 좀 더 최근에 들어서는 안토니오 다마지오(Antonio Damasio)의 『데카르트의 오류: 감정, 이성, 두뇌(*Descartes' Error: Emotion, Reason, and the Human Brain*)』(1994)가 이런 계열의 연구에서 다루는 주제들을 통합하고 발전시키면서 자기 나름의 새로운 연구 영역도 덧붙이고 있다.

생물의 마음을 설계한 데 있어 진화의 역할을 심도 있게 이해하려면 『이기적 유전자(*The Selfish Gene*)』부터 시작하여 러처드 도킨스(Richard Dawkins)가 쓴 책을 모조리 읽어야 한다. 로버트 트리버스(Robert Trivers)가 쓴 『사회 진화(*Social Evolution*)』는 사회생물학의 요점을 짚어 나간 탁월한 입문서다. 진화심리학이라는 새로운 연구 분야는 제롬 바코(Jeome Barkow), 레다 코스미데스(Leda

Cosmides), 존 투비(John Tooby)가 공동으로 편집한 『적응하는 마음: 진화심리학과 문화의 발생(*The Adapted Mind: Evolutionary Psychology and the Generation of Culture*)』(1992)에 잘 소개되어 있으며, 아동심리학과 아동생물학의 괄목할 만한 연구 성과는 일레인 모건(Elaine Morgan)의 『아이의 후손: 새로운 관점에서 본 인류의 진화(*The Descent of the Child: Human Evolution from a New Perspective*)』(1995)에서 접할 수 있다.

또 다른 전선에서 인지 동물행동학자들은 인간이 아닌 동물의 마음과 능력에 대한 철학자와 심리학자의 환상을 기발한 실험과 관찰로 채우고 있다. 도널드 그리핀(Donald Griffin)은 이 분야의 선구자다. 그가 쓴 『동물 인식의 물음(*The Question of Animal Awareness*)』(1976), 『동물의 사고(*Animal Thinking*)』(1984), 『동물의 마음(*Animal Minds*)』(1992), 그리고 무엇보다도 박쥐의 위치 확인 능력에 대한 그의 혁신적인 연구는 이 분야에서 새로운 가능성을 열었다. 도러시 체니(Dorothy Cheney), 로버트 사이파스(Robert Seyfarth)가 긴꼬리원숭이를 대상으로 수행한 모범적 실험은 『원숭이가 보는 세계(*How Monkeys See the World*)』(1990)에 소개되어 있다. 앤드루 화이튼과 리처드 번(Richard Byrne)이 함께 묶은 『마키아벨리 지능(*Machiavellian*

Intelligence)』(1988)과 캐럴린 리스터가 엮은 『인지 동물행동학(*Cognitive Ethology*)』(1991)은 문제에 대한 고전적 글과 예리한 분석을 동시에 제공한다. 제임스 굴드(James Gould)와 캐럴 굴드(Carol Gould)가 쓴, 아름다운 그림이 실려 있는 『동물의 마음(*The Animal Mind*)』(1994)은 동물의 마음에 대해서 생각하는 모든 사람의 이론적 상상력을 운치 있게 다듬어 준다. 동물의 사고와 의사소통에 대한 최근의 연구 성과는 마크 하우저의 새 책 『의사소통의 진화(*The Evolution of Communication*)』, 데릭 비커턴(Derek Bickerton)의 『언어와 인간 행동(*Language and Human Behavior*)』에 실려 있다. 패트릭 베이트슨(Patrick Bateson)이 1991년에 쓴 에세이 「동물의 고통에 대한 평가(Assessment of Pain in Animals)」는 동물이 느끼는 아픔과 괴로움에 관해 지금까지 알려진 측면과 아직도 미궁으로 남아 있는 측면을 두루 소개한 값진 글이다.

4장에서 나는 아동과 동물을 '자연심리학자'로 보는 고차 지향성에 대한 방대하고 흥미진진한 문헌을 아쉽지만 빠르게 훑고 지나갔다. 내가 그렇게 훑고 넘어가도 좋으리라고 판단한 이유는 이 주제가 최근 다른 곳에서 집중적으로 조명되었기 때문이다. 그 중에서도 재닛 애스팅턴(Janet Astington)의 『아동이 발견하는 마음

(*The Child's Discovery of the Mind*)』(1993)과 사이먼 배런 코헨(Simon Baron-Cohen)의 『마음 장님(*Mindblindness*)』(1995)은 이 주제를 세부적으로 파고들면서 이것이 왜 중요한지를 설득력 있게 해명하고 있다.

나는 또 ABC 학습이라는 중요한 주제와 ABC 학습의 최신 모형들에 대해서도 수박 겉핥기식으로 넘어갔다. 자세한 내용은 (사소하지 않은 철학적 견해 차이가 있다는 사실에만 유념한다면) 앤디 클라크(Andy Clark)의 『연상 엔진: 연결주의, 개념, 표상 변화(*Associative Engines: Connectionism, Concepts and Representational Change*)』(1993)와 폴 처칠랜드(Paul Churchland)의 『이성의 엔진, 영혼의 자리(*The Engine of Reason, the Seat of the Soul*)』(1995)를 보라. 좀 더 진지한 접근을 받아들일 용의가 있는 사람은 퍼트리샤 처칠랜드(Patricia Churchland)와 테런스 세즈노스키(Terence Sejnowsky)의 『계산하는 마음(*The Computational Mind*)』(1992)부터 읽어도 좋다. 내가 이 책에서 펼친 주장을 평가하기를 원하는 사람이 반드시 동시에 유기적으로 참조하지 않으면 안 될 두 명의 철학자가 있는데, 그들은 『지시의 다양성(*The Varieties of Reference*)』(1982)을 쓴 개러스 에번스(Gareth Evans)와 『언어 사고와 그 밖의 생물학 범주들(*Language Thought and*

Other Biological Categories)』(1984)을 쓴 루스 개럿 밀리컨(Ruth Garett Millikan)이다.

    5장과 6장에서 논의한, 생각을 위한 대상을 만드는 문제는 단순히 러처드 그레고리의 『과학 속의 마음(*Mind in Science*)』(1981)과 애닛 카밀로프 스미스의 1993년 논문에서만 영감을 얻은 것이 아니라, 카밀로프 스미스의 책 『모듈을 넘어서(*Beyond Modularity*)』(1992)를 비롯하여 옛날에 내가 읽은 이후로 나의 뇌에서 무르익어 온 책들, 예를 들어 줄리언 제인스(Julian Jaynes)의 『양원성(兩元性) 마음의 붕괴와 의식의 기원(*The Origins of Consciousness in the Breakdown of the Bicameral Mind*)』(1976), 조지 라코프(George Lakoff)와 마크 존슨(Mark Johnson)의 『우리가 기대어 사는 은유(*Metaphors We Live By*)』(1980), 필립 존슨레어드(Philip Johnson-Laird)의 『마음의 모형(*Mental Models*)』(1983), 마빈 민스키(Marvin Minsky)의 『마음의 사회(*The Society of Mind*)』(1985)에서도 영감을 얻었다. 최근에 나온 더글러스 호프스태터(Douglas Hofstadter)의 『유동적 개념과 창조적 유추: 사고의 근본 문제에 대한 컴퓨터 모형(*Fluid Concepts and Creative Analogies: Computer Models of the Fundamental Mechanisms of Thought*)』(1995)은 인간의 핵심적 활동을 처음으로 구체적으로 모형화했다.

1991년에 내가 쓴 책 『의식의 설명(*Consciousness Explained*)』은 일차적으로 인간의 의식을 겨냥하고 있었으며, 다른 동물의 마음에 대해서는 함축적으로만 언급했다. 그런데 그 함축된 뜻을 이해하려고 시도한 많은 독자들이 모호함을 느끼거나 곤혹스러워하는 모습을 보면서 나는 나의 의식 이론을 분명히 하여 다른 종들까지 확대할 필요가 있다고 생각했다. 그래서 쓴 것이 이 책 『마음의 진화』다. 나는 또 1995년 4월에 뉴욕에서 '동물과 함께(In the Company of Animals)'라는 주제로 열린 컨퍼런스에서 「동물의 의식: 무엇이 왜 중요한가(Animal Consciousness: What Maters and Why)」라는 논문을 발표했다. 나의 의식 이론을 지탱하는 진화론적 토대를 비판하는 사람들도 있었는데, 1995년에 쓴 책 『다윈의 위험한 생각(*Darwin's Dangerous Idea*)』에서 그런 문제를 다루었다. 내가 『마음의 진화』에서 펼친 주장의 상당 부분은 다음 참고 문헌 목록에 나와 있는 다른 글들에서 발췌 또는 수정한 내용이다.

Akins, Kathleen, "Science and Our Inner Lives: Birds of Prey, Beasts, and the Common (Featherless) Biped," in Marc Bekoff and Dale Jamieson, eds., *Interpretation and Explanation in the Study of Animal Behavior*, Vol. 1 (Boulder, Colo.: Westview, 1990), 414-427.

―――, "What Is It Like to Be Boring and Myopic?" in Dahlbom, ed., *Dennett and His*

Critics.

Astington, Janet, *The Child's Discovery of the Mind* (Cambridge: Harvard University Press, 1993).

Balda, Russell P., and R. J. turek, "Memory in Birds," in Herbert L. Roitblat, Thomas G. Bever, and Herbert S. Terrace, eds., *Animal Cognition* (Hillsdale, N.J.: Erlbaum, 1984), 513-532.

———, Alan C. Kamil, and Kristie Grim, "Revistis to Emptied Cache Sites by Clark's Nutcrackers (*Nucifraga columbiana*)," *Animal Behavior* 34 (1986), 1289-1298.

Barkow, Jerome, Leda Cosmides, and John Tooby, *The Adapted Mind: Evolutionary Psychology and the Generation of Culture* (Oxford: Oxford University Press, 1992).

Baron-Cohen, Simon, *Mindblindness: An Essay on Autism and Theory of Mind* (Cambridge: MIT Press/ A Bradford Book, 1995).

Bateson, Patrick, "Assessment of Pain in Animals," *Animal Behavior* 42 (1991), 827-839.

Bickerton, Derek, *Language and Human Behavior* (Seattle: University of Washington Press, 1995).

Braitenberg, Valentino, *Vehichles: Experiments in Synthetic Psychology* (Cambridge, MIT Press/ A Bradford Book, 1984).

Cheney, Dorothy, and Robert Seyfarth, *How Monkeys See the World* (Chicago: University of Chicage Press, 1990).

Churchland, Patricia, and Terence Sejnowsky, *The Computational Brain* (Cambridge: MIT Press/ A Bradford Boom, 1992).

Churchland, Paul, *Scientific Realism and the Plasticity of Mind* (Cambridge, U.K.: Cambridge University Press, 1979).

———, *The Engine of Reason, the Seat of the Soul* (Cambridge: MIT Press/ A Bradford Book, 1995).

Clark, Andy, *Associative Engines: Connectionism, Concepts and Representational Change* (Cambridge: MIT Press/ A Bradford Book, 1993).

―――, and Annette Karmiloff-Smith, "The Cognizer's Innards: A Psychological and Philosophical Perspective on the Development of Thought," *Mind and Language* 8 (1993), 487-519.

Dahlbom, Bo, ed., *Dennett and His Critics: Demystifying Mind* (Oxford: Blackwell, 1993).

Damasio, Antonio, *Descartes' Error: Emotion, Reason, and the Human Brain* (New York: Grosset/Putnam, 1994).

Darwin, Charles, *The Origin of Species* (London: Murray, 1859).

Dawkins, Richard, *The Selfish Gene* (Oxford: Oxford University Press, 1976; revised edition, 1989).

―――, and John R. Krebs, "Animal Signals: Information or Manipulation?" in John R. Krebs and Nicholas B. Davies, eds., *Behavioural Ecology*, 2d ed. (Sunderland, Mass.: Sinauer Associates, 1978), 282-309.

Dennett, Daniel, "Brain Writing and Mind Reading," in K. Gunderso, ed., *Language, Mind and Knowledge, Minnesota Studies in the Philosophy of Science*, Vol. 7 (Minneapolis: University of Minnesota Press, 1975). Reprinted in Dennett, Brainstorms and later with a postscript in D. Rosenthal, ed., *The Nature of Mind* (Oxford: Oxford University Press, 1991).

―――, "Conditions of Personhood," in Amelie Rorty, ed., *The Identities of Persons* (Berkeley: University of California Press, 1976). Reprinted in Dennett, *Brainstorms*.

―――, *Brainstorms* (Cambridge: MIT Press/ A Bradford Book, 1978).

―――, "Where Am I?" in Dennett, *Brainstorms*.

―――, "Beyond Belief," in Andrew Woodfield, ed., *Thought and Object* (Oxford: Oxford University Press, 1982). Reprinted in Dennett, *The Intentional Stance*.

―――, "Intentional Systems in Cognitive Ethology: The 'Panglossian Paradigm' Defended," *Behavioral and Brain Sciences* 6 (1983), 343-390.

―――, *The Intentional Stance* (Cambridge: MIT Press/ A Bradford Book, 1987).

―――, *Consciousness Explained* (Boston: Little, Brown, 1991).

―――, "Learning and Labeling" (commentary of Clark and Karmiloff-Smith), *Mind and Language* 8 (1993), 540-548.

―――, "The Message Is: There Is No Medium" (reply to Jackson, Rosenthal, Shoemaker, and Tye), *Philosophy & Phenomenological Research*, December 1993, 889-931.

―――, "Back from the Drawing Board" (reply to critics), in Dahlbom, ed., *Dennett and His Critics*.

―――, *Darwin's Dangerous Idea* (New York: Simon & Schuster, 1995).

―――, "Get Real" (reply to critics), in *Philosophical Topic*, 22 (1995), 505-568.

―――, "Animal Consciousness: What Matters and Why," in *Social Research*, 62 (1995), 691-710.

―――, forthcoming: "Consciousness: More like Fame than Television," for volume from the conference "Interfaces Brain-Computer," Christa Maar, Ernst Pöppel, and Thomas Christaller, eds., to be published by Rowohlt.

―――, forthcoming: "Do Animals Have Beliefs?" in Herbert L. Rotiblat, ed., *Comparative Approaches to Cognitive Sciences*, MIT Press.

Eigen, Manfred, *Steps Towards Life* (Oxford: Oxford University Press, 1992).

Evans, Gareth, *The Varieties of Reference* (Oxford: Clarendon Press, 1982).

Gaussier, Philippe, and Zrehen, S., A Constructivist Approach for Autonomous Agents," in Adia Magnenat Thalmann and Daniel Thalmann, eds., *Artificial Life and Virtual Reality* (London: Wiley, 1994).

―――, "Avoiding the World Model Trap: An Acting Robot Does Not Need to Be So Smart," R*obotics and Computer Integrated Manufacturing* 11 (1994), 279-286.

Gibson, James J., *The Senses Considered as Perceptual Systems* (London: Allen & Unwin, 1968).

Gould, James, and Carol Gould, *The Animal Mind* (New York: HPHLP, Scientific American Library, 1994).

Gregory, Richard L., Mind in Science: A History of Explanations in Psychology (Cambridge, U.K.: Cambridge University Press, 1981).

Griffin, Donald, *The Question of Animal Awareness* (New York: Rockefeller University Press, 1976).

———, *Animal Thinking* (Cambridge: Harvard University Press, 1984).

———, *Animal Minds* (Chicago: University of Chicago Press, 1992).

Hasson, O., "Pursuit-Deterrent Signals: Communication between Predator and Prey," *Trends in Ecology and Evolution* 6 (1991), 325-329.

Hebb, Donald, *The Organization of Behavior: A Neuropsychological Theory* (New York: Wiley, 1949).

Hofstadter, Douglas R., *Fluid Concepts and Creative Analogies: Computer Models of the Fundamental Mechanisms of Thought* (New York: Basic Books, 1995).

Holley, Tony, "No Hide, No Seek," *Natural History* 7 (1994), 42-45.

Humphrey, Nicholas, "Nature's Psychologists," *New Scientist* 29 (June 1978), 900-904. Reprinted in *Consciousness Regained* (Oxford: Oxford University Press, 1983).

———, *A History of the Mind* (London: Chatto & Windus, 1992).

Israel, David, John Perry, and Syun Tutiya, "Executions, Motivations and Accomplishments," *Philosophical Review* 102 (1993), 515-540.

Jaynes, Julian, *The Origins of Consciousness in the Breakdown of the Bicameral Mind* (Boston: Houghton Mifflin, 1976).

Johnson-Laird, Philip N., *Mental Models* (Cambridge, U.K.: Cambridge University Press, 1983).

Kamil, Alan C., Russell P. Balda, Deborah J. Olson, and Sally Good, "Returns to Emptied Cache Sites by Clark's Nutcrackers, *Nucifrage columbiana*: A Puzzle Revisited," *Animal Behavior* 45 (1993), 241-252.

Karmiloff-Smith, Annette, *Beyond Modularity: A Developmental Perspective on Cognitive Science* (Cambridge: MIT Press/ A Bradford Book, 1992).

Lakoff, George, and Mark Johnson, *Metaphors We Live By* (Chicago: University of Chicago Press, 1980).

Lloyd, Dan, *Simple Minds* (Cambridge: MIT Press/ A Bradford Book, 1989).

McFarland, David, 1989, "Goals, No-Goals and Own Goals," in Alan Montefiore and

Denis Noble, eds., *Goals, No-Goals and Own Goals: A Debate on Goal-Directed and Intentional Behaviour* (London: Unwin Hyman, 1989), 39-57.

Menzel, Emil W., Jr., 1971, "Communication about the Environment in a Group of Young Chimpanzees," *Folia Primatologia* 15 (1971), 220-232.

———, "A Group of Young Chimpanzees in a One-Acre Field," in A. M. Schreier and F. Stolnitz, eds., *Behavior of Nonhuman Primates*, Vol. 5 (New York: Academic Press, 1974), 83-153. Reprinted in Ristau, *Cognitive Ethology*.

Millikan, Ruth Garrett, *Language, Thought, and Other Biological Categories* (Cambridge: MIT Press/ A Bradford Book, 1984).

———, *White Queen Psychology and Other Essays for Alice* (Cambridge: MIT Press/ A Bradford Book, 1993).

———, "A Common Structure for Concepts of Individuals, Stuffs, and Basic Kin: More Mama, More Milk, and More Mouse," *Behavioral and Brain Sciences*, forthcoming.

Minsky, Marvin, *The Society of Mind* (New York: Simon & Schuster, 1985).

Morgan, Elaine, *The Descent of the Child: Human Evolution from a New Perspective* (Oxford: Oxford University Press, 1995).

Nagel, Thomas, "What Is It Like to Be a Bat?" *Philosophical Review* 83 (1974), 435-450.

Nietzsche, Friedrich, *Thus Spake Zarathustra*, Walter Kaufmann, trans. (New York: Viking, 1954).

Ristau, Carolyn, ed., *Cognitive Ethology* (Hillsdale, N.J.: Erlbaum, 1991).

———, "Aspects of the Cognitive Ethology of an Injury-Feigning Bird, the Piping Plover," in Ristau, ed., *Cognitive Ethology*, 91-126.

Ryle, Gilbert, *The Concept of Mind* (London: Hutchinson, 1949).

Sartre, Jean Paul, *Being and Nothingness* (*L'Etre et le Néant*), 1943, Hazel Barnes, trans. (New York: Philosophical Library, 1956; paperback ed., 1966).

Searle, John, "Minds, Brains and Programs," *Behavioral and Brain Sciences* 3 (1980), 417-458.

Skinner, B. F., *Science and Human Behavior* (New York: Macmillan, 1953).

———, "Behaviorism at Fifty," in T. W. Wann, ed., *Behaviorism and Phenomenology* (Chicago: University of Chicago Press, 1964), 79-108.

Sontag, Susan, *On Photography* (New York: Farrar, Straus & Giroux, 1977).

Thomas, Elizabeth Marshall, *The Hidden Life of Dogs* (Boston: Houghton Mifflin, 1993).

Trivers, Robert, *Social Evolution* (Menlo Park, Calif.: Benjamin Cummings, 1985).

Varela, Francisco J., Evan Thompson, and Eleanor Rosch, *The Embodied Mind: Cognitive Science and Human Experience* (Cambridge: MIT Press/ A Bradford Book, 1991).

Whiten, Andrew, "Grades of Mind Reading," in Charlie Lewis and Peter Mitchell, eds., *Children's Early Understanding of Mind: Origins and Development* (Hillsdale, N.J.: Erlbaum, 1994), 47-70.

———, and Richard W. Byrne, eds., *Machiavellian Intelligence* (Oxford: Oxford University Press, 1988).

Wiener, Norbert, *Cybernetics; or, Control and Communication in the Animal and the Machine* (New York: Wiley, 1948).

Wittgenstein, Ludwig, *Philosophical Investigations* (Oxford: Blackwell, 1958).

Young, Andrew, "The Neuropsychology of Awareness," in Anti Revonsuo and Matti Kamppinen, *Consciousness in Philosophy and Cognitive Neuroscience* (Hillsdale, N.J.: Erlbaum, 1994), 173-203.

찾아보기

가
가설 검증 220
가젤의 이상 행동 204
간상 세포 123, 143
감응력 115~117, 119~120, 164
감지력 115~120, 132, 159, 162~166
강화인 146
개
   개념의 존재 유무 257
   생각 82~83
   얼굴 인식 190~192
   지능 193
거짓말 33
게임 이론 109
겨냥 72~74, 95, 100
경쟁 추적 178
고속 촬영 기술 233~234
고시에, 필리프 228

고차 감응력 215
고차 지향계 200~201, 205, 216
공동 매질 123
공약 불가능 30~31
공조 추적 178
관념 그림 이론 98
관념 연합론 148~149
괄호 처리 108
구조적 자세 61~64
국소 행위자 107
군비 확장 경쟁(진화론적) 110
귀무가설 26~27, 33
그레고리 생물 168~171, 195, 220, 230, 233, 237
그레고리, 리처드 168
   마음의 도구 169, 195
   운동 지능 168
극소 변환기 129

극소 실행기 129
극소 행위자 118, 142
근거리 지향성 142
글루타메이트 26, 129, 132
기능어 77
기능주의 121~122, 132~133
   마음의 본질 121~122
   신경계의 이해 122~123
   인공 마음 122
긴꼬리원숭이 194

나
내부 지향성 142
내부 행위자 142
내재적 속성 133
내포 77~79
내포성 77
네이글, 토머스 258
노에, 알바 12
노에피네프린 132
노이만, 요한 폰 49
농아 31, 36
니체, 프리드리히 47, 136
   『차라투스트라는 이렇게 말했다』 136
   『힘에의 의지』 47

다
다각 구현 122, 130
다마지오, 안토니오 128
   『데카르트의 오류』 128
다윈 생물 144~146, 215
다윈, 찰스 105, 148, 168, 266
   『종의 기원』 105, 266
   무의식적 선택 266
달봄, 보 219
대자연의 의도 100
데카르트, 르네 18, 20, 126, 134, 251
   마음의 존재 증명 20
   사유하는 것(*res cogitas*) 20, 251
덴스모어, 섀넌 13
도구의 사용 169
   지능과의 관계 169
   침팬지 169
도킨스, 리처드 202
   『이기적 유전자』 203
도파민 132
돌고래의 우둔함 193
돌연변이 48, 107~108
동일성 가설 195
두족류 160
등가 치환 78, 91
DNA-49

딱지 붙이기 222~228
  개념과의 관계 245
  노인의 사례 226~227
  시각적 표상의 활용 236
  언어와의 관계 224, 224~228
  클라크잣까마귀의 사례 224~226

라
라이소자임 121~122, 130
라이언스, 제리 13
로돕신 130
로렌츠, 콘라트 176
  각인 176
로봇 18, 39, 41~42, 164~165
  의식을 가진 로봇 41
  조상으로서의 로봇 52~54
  지향성 100~103
리스터, 캐럴린 203
리핀콧, 세라 13

마
마약 수용체 72~73
마음
  단순한 지향계와 진정한 마음의 구분 115
  경계 38

마음 언어 97
마음의 눈 237
마음의 도구 169, 195, 238
마음읽기와 시간의 관계 112~114
언어를 수반하지 않는 마음 28~45
윤리와의 관계 23~27, 261~262
매질 중립성 130~131, 133
맥팔런드, 데이비드 208, 210
맹인용 독서 컴퓨터 28~29
멍청한 행위자 71
멘젤, 에밀 213
멩컨, 헨리 루이 260
명제 88~92
명제적 태도 88
모건, 일레인 40, 247
몬다다, 프란체스코 228
몸
  몸과 마음의 합일 136~139
  몸의 지혜 136~139
무뇌아 26
무생물계 69
무의식적 사고 249
무의식적 아픔 263
무의식적 행동 37
물리적 자세 61, 63~64
밀러, 조지 142

정보 포식자 142

바
바이러스 50~53
반성 행위 69
발다, 러셀 224~226
발레리, 폴 106
버클리, 파스칼 13
번역의 문제 30~31
변환기 122~123, 132, 172
본래적 지향성 95~97, 102~103
부려 놓기의 관행 221
분자 기계 50
불 함수 182~183
불, 조지 182
불가지론 27, 38~39
붉은털원숭이 160
브라이텐베르크, 발렌티노 172~174, 183, 228~229
　주광성 모형 173, 183
브룩스, 로드니 40~41
비밀 유지 211~215
　침팬지의 경우 213~214
비사고 생물 248
비사고 행위자 199
비트겐슈타인, 루트비히 44

뻐꾸기의 행동 93~94

사
사고 언어 97~98, 239
사고 언어 가설 97~98
사르트르, 장 폴 252
　『존재와 무』 252
사이버네틱스 125
산토끼의 이상 행동 203~204
상모실인증 188
상징 217~218
상피 세포 143
생기 55
생기론 55, 133
생산과 검증의 탑 144
선택압 214, 216
설, 존 95
세균 18, 25, 38~39, 53
소크라테스 68, 245~246
손다이크, 에드워드 리 149
손택, 수전 233
송과선 119, 126~127
순수 신호계 125
술어 77
슈먼, 톰 13
슈퍼 컴퓨터 65

스누피 252
스키너 생물 146~147, 151, 157~158, 161, 170~171
   시행착오를 통한 학습 152
   약점 151
스키너, 버루스 148~150, 231
   조건 형성 이론 149
   조작적 조건 형성 148, 151, 157, 161
스타인, 앤드레이어 41
시간틀의 쇼비니즘 111
시냅스 129
식물 인간 120
신경 섬유 42~43, 53~54, 126, 129, 131, 149
신경 신호 126
신경 자극 126
신경 전달 물질 26, 129~130, 161
신경계 58, 122~123, 128, 132, 137, 161, 215, 263
   자료 구조 137
   출현 161~162
신비주의 133
실어증 35
실행기 122~123, 132

아
아드레날린 133
RNA 48~51
RNA 파지 50~51
아리스토텔레스 54~57
   양육혼 57~58
   질료 57
   형상 57
아이겐, 만프레트 51, 55
아픔
   기능 161
   생물종에 따른 차이 160
   팔의 고통 42~43
   괴로움과의 관계 262~270
'알 필요'의 원칙 107
얀러트, 라르스에릭 219
양육혼 57~58
어설픈 지향성 104
언어
   발명 240
   아이의 언어 습득 240~242
   언어 관행 96
   언어 사용 251
얼굴 확인계 189
엇비슷하게 꾸미기 211
ABC 학습 149~151, 156, 215~216,

218
엔도르핀 73
연결주의 148~149
연금술 55
염색체 108
영, 앤드루 187~188
영리한 행동 38, 168, 258
영리한 행위자 71
외연 77~78, 88
원거리 지향성 142~248
원추 세포 123, 143
원핵 세포 56
위너, 노버트 125
  『사이버네틱스』 125
유사 행위자 59, 107
유아론 18~23
유인 행동 201, 203
  물떼새의 경우 203
유전체 108
의미의 토대 52
의사 결정 118, 220
의사소통 31, 33
의식의 궁극적 토대 52
의식적 사고 251
의인화 60
이원론 55, 134

이중 변환의 신화 126~128
EPIRB(긴급 위치 표시 무선 발신 장치)
  174~175
이해 관계 24
인간의 구별 능력 86~87
인격 분열 263~264
인공 심장 122
인공 제어계 184
인공 표상 96
인생 철학 60
인식욕 143, 157
인지 혁명 148

자

자기 복제 거대 분자 48~51, 54, 67,
  93, 106, 109
자동 기계 38, 53~54
자동 반사 43
자동적 행동 37
자연 로봇 49
자연선택 57, 68, 100, 105, 143~145,
  148
자율 신경계 58, 122
잠재 학습 155~156
재표상 217, 230
전신 마비 35

점성술 55
정령 신앙 69
제어계 57~58, 131
　발전 117~118
　체액 118
　피제어계와의 분리 125~126
　혈관 57~58
조타 장치 124~125
존재론과 인식론의 혼동 19, 36
주광성 171~173
주모성 173~174, 177
중앙 표상계 215
중추 신경계 122
지각의 등장 141~143
지시의 불투명성 79, 88
지시의 투명성 78~79
지향 대상 74
지향계 59, 69~71, 75~76, 84, 88, 92, 114, 198
　성공과 실패 75~76, 81
지향성 71~73, 76~78, 95, 97, 100~101, 104, 118, 143, 179, 195, 216
지향적 자세 59~61, 64~70, 79, 81, 84, 90, 109, 115, 170~171, 192, 198~199
　생명 진화에 대한 설명 109~110

시간의 관계 111~115
지향적 해석 111
진핵 세포 56

차

창발적 속성 114
처칠랜드, 폴 91
청각 142
체스 컴퓨터 65~66
촘스키, 놈 241

카

카밀로프스미스, 애넷 217
캡그래스 망상 186~189
　얼굴 확인계의 손상 189
코그 41~42
콰인, 윌러드 97
쾰러, 볼프강 253~254
　침팬지의 정신 연구 253~254
쿠이, 웨이 12
크리시포스 192
클라크, 앤디 217

타

탈레랑, 샤를모리스드 197, 208
탐색상 106, 178~179

태아의 마음 26
테아이테토스 246
토머스, 엘리자베스 마셜 32
   개의 본능 이해 32~33
   『인간들이 모르는 개들의 삶』 32
투박한 지향계 104
트리버스, 로버트 184

파

파블로프, 이반 페트로비치 149
파생적 의미 101
파생적 지향성 95, 99, 100, 102~103
파이 현상 179
페로몬 흔적 221
포스포로스(샛별) 85
포퍼 생물 151~155, 157~158, 167~168, 170~171, 216, 230~231
   사전 선택 151~153
   여과 장치의 한계 155
포퍼, 카를 151
표상 72, 96, 106, 210~211, 217
표상계 73, 77, 97
표현형 108, 146
프레게, 고틀로프 85
프루스트, 마르셀 174
플라톤 245

『메논』 68
『테아이테토스』 245

하

하우저, 마크 12, 160
합리적 행위자 60, 67
항원 129, 130, 231
항체 130, 231
항체 53~54
행동주의 심리학 148~149, 155~156, 198
행위 49~52
행위자 56, 59, 61, 71, 107
험프리, 니컬러스 199, 205
   자연심리학자 205, 216
헤모글로빈 53
헤스페로스(저녁별) 85
헵, 도널드 149
호르몬계 119~120, 137
호모 사피엔스 240
혼잣말 241
화성인 112
화이튼, 앤드루 205~207
효모 54
후각 141, 174
흄, 데이비드 148

옮긴이 **이희재**

서울 대학교 심리학과를 졸업하고 성균관 대학교 독문학과 대학원에서 독문학을 공부했다. 현재 전문 번역가로 활동하고 있으며 번역서로는 『인간다움의 조건』, 『소유의 종말』, 『문명의 충돌』, 『브루넬레스키의 돔』, 『서양 문화의 역사』 등이 있다.

사이언스 마스터스 09
마음의 진화 | 대니얼 데닛이 들려주는 마음의 비밀

1판 1쇄 펴냄 2006년 2월 10일
1판 9쇄 펴냄 2024년 7월 31일

지은이 대니얼 데닛
옮긴이 이희재
펴낸이 박상준
펴낸곳 (주)사이언스북스

출판등록 1997. 3. 24.(제16-1444호)
주소 (06027) 서울시 강남구 도산대로1길 62
대표전화 515-2000 팩시밀리 515-2007
편집부 517-4263 팩시밀리 514-2329
www.sciencebooks.co.kr

한국어판 ⓒ (주)사이언스북스, 2006. Printed in Seoul, Korea.

ISBN 978-89-8371-940-9 (세트)
ISBN 978-89-8371-949-2 03400

『사이언스 마스터스』를 읽지 않고 과학을 말하지 마라!

사이언스 마스터스 시리즈는 대우주를 다루는 천문학에서 인간이라는 소우주의 핵심으로 파고드는 뇌과학에 이르기까지 과학계에서 뜨거운 논쟁을 불러일으키는 주제들과 기초 과학의 핵심 지식들을 알기 쉽게 소개하고 있다.

전 세계 26개국에 번역·출간된 사이언스 마스터스 시리즈에는 과학 대중화를 주도하고 있는 세계적 과학자 20여 명의 과학에 대한 열정과 가르침이 어우러져 있다. 과학적 지식과 세계관에 목말라 있는 독자들은 이 시리즈를 통해 미래 사회에 대한 새로운 전망과 지적 희열을 만끽할 수 있을 것이다.

01	섹스의 진화	제러드 다이아몬드가 들려주는 성性의 비밀
02	원소의 왕국	피터 앳킨스가 들려주는 화학 원소 이야기
03	마지막 3분	폴 데이비스가 들려주는 우주의 탄생과 종말
04	인류의 기원	리처드 리키가 들려주는 최초의 인간 이야기
05	세포의 반란	로버트 와인버그가 들려주는 암세포의 비밀
06	휴먼 브레인	수전 그린필드가 들려주는 뇌과학의 신비
07	에덴의 강	리처드 도킨스가 들려주는 유전자와 진화의 진실
08	자연의 패턴	이언 스튜어트가 들려주는 아름다운 수학의 세계
09	마음의 진화	대니얼 데닛이 들려주는 마음의 비밀
10	실험실 지구	스티븐 슈나이더가 들려주는 기후 변화의 과학